그 나무가 궁금해

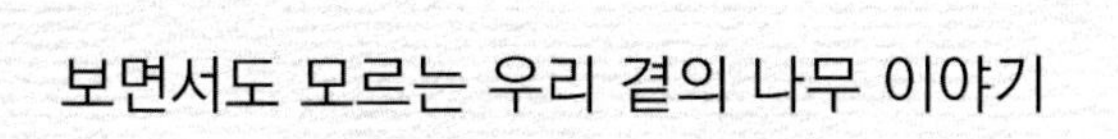

그 나무가 궁금해

원종태

나무는 지혜로운 스승이자 미래의 희망

하늘로 솟아오른 키는 수십 미터에 이르고, 나무의 허리둘레는 사람 혼자서는 가늠하기 어렵다. 수백만에 이를 것으로 보이는 나뭇잎을 달고 거목은 왕성하게 자란다. 나무 아래는 이 웅장한 모습을 보려는 인파가 북새통을 이룬다. 한 화면에 모든 것을 담기 어려운 사진사는 주춤주춤 뒤로 물러난다. 높이로 보나 굵기로 보나 살아온 세월로 보나 나약한 인간의 눈에는 장엄하고 거대하다. 놀랍고 신기하다. 몸과 마음이 경건해진다. 이 나무는 어떻게 이 자리에 살고 있을까? 누가 심었을까? 천 년이 넘는 세월을 어떻게 살아왔단 말인가? 거대한 생명체가 내뿜는 신성한 정기에 두 손을 모으고 경건한 마음으로 기도를 한다. 누가 가르쳐주고 시킨 적도 없는데, 이 모진 세상에 나를 온전히 도와줄 것 같은 거목의 기운을 흠뻑 받는다. 나무 앞에 모인 사람의 얼굴이 평화로워진다.

단군 할아버지가 신단수 아래 신시를 열고 나라를 세웠을 적에 이런 기분이 아니었을까? 나 혼자만의 궁금증일까. 수백 년 이상을 살아온 것으로 보이는 우람한 거목 앞에 서면 늘 신성한 기운이 감돌고 가슴이 뭉클해지는 경험이 한두 번이 아니다. 이 우람하고 장대한 모습을 왜 이제야 만날 수 있었을까를 혼자 되뇌며 한국의 거목을 만나기 시작한 지도 수십 년이 흘렀다. 그 모습을, 그 마음을, 혼자만 간직하기에는 너무나도 아쉬움이 많았다. 나무가 살아온 세월과 웅장하고 진기한 모습, 전설처럼 전해져 오는 사연을 함께 나누고 싶은 생각이 방류해야 하는 댐처럼 주체할 수가 없다.

대한민국 방방곡곡에는 진기한 명목이 깊은 사연과 함께 오늘도 힘차게 살아가고 있다. 그 나무들은 이 땅에 살아가는 사람들에게 뜻깊은 교훈을 전하며 자신이 해야 할 일을 묵묵히 하는 것이다. 우리의 지혜로운 조상님들은 알고 계셨다. 나무 한 그루, 풀 한 포기에도 영혼이 깃들어 있다는 사실을, 우리가 그들과 함께 살아가야 한다는 엄연한 진실을 알고 계셨다. 먹을 것과 입을 것, 그리고 고통을 치유하는 방법과 외롭고 쓸쓸할 때 위안과 믿음을 주는 든든한 동반자가 나무라는 것을 말이다. 우리의 동반자이자 버팀목인 나무 이야기는 전문용어를 많이 동원하면 딱딱하고 이해가 어려울 수도 있다. 될 수 있으면 전문용어보다는 일상적인 용어로 표현하도록 노력해 보았다.

깨달은 사람들과 지도자들은 나무를 심었다. 작게는 자신의 미래와 안녕을 위하고 크게는 나라와 백성을 위하여 번영과 영화를 기원하며 나무를 심고 가꿨다. 그리고 깊은 의미를 부여했다. 나무는 벼슬을 하사받고 지도자의 상징이자 닮고 싶은 스승으로 격상됐다. 오랜 나무의 역사가 가진 수많은 기록이 이를 증명하고 있다. 현대에도 지도자는 나무를 심는다. 선진국과 후진국은 나무에서부터 차이가 난다. 잘사는 선진국치고 나무를 잘 가꾸지 않은 나라는 없다. 후진국에는 잘 가꾼 숲이 드물다. 미래를 이끌어가는 지도자들이여, 나무를 심고 가꾸자. 내가 심은 나무가 긴 역사가 흐른 후 민족의 버팀목이 될 수 있다. 어디 지도자뿐이랴. 이 세상을 풍요롭게 살아가고 싶은 사람들이여, 단 한 그루라도 나무를 심자! 나무는 지혜로운 스승이고 사랑이고 희망 있는 우리의 미래다. 그리고 바로 매 순간 나를 지켜줄 것이다.

_ 2024년 여름

원종태

차례

1장

나무에 담긴 삶의 지혜

2장

복을 부르는 나무 능력을 주는 나무

3장

나무를 보면 역사가 보인다

4장

보고도 모르는 나무의 비밀

5장

보면 볼수록 신비한 나무

1장

나무에 담긴 삶의 지혜

만 년을 사는 나무가
백 세를 사는 인간에게

인류 중 가장 오래 산 사람으로 성경에 등장하는 할아버지가 있다. 최고령으로 기록된 것이 노아의 할아버지 므드셀라로 969세를 살았다는 기록이다. 의구심이 가지만 이는 신의 영역이라 왈가왈부할 필요가

주목이 1,400여 년을 축적해 온 근육

없다. 현대의학은 사람이 오래 산다면 120년을 살 수 있을 것으로 보고 있다. 그러나 그러한 생애도 그저 살아 있다는 것에 의미를 부여하는 듯하다. 인간다운 삶을 영위하기에는 120세는 너무도 고령이라는 주장이 설득력을 얻는다.

고작 백세 남짓 살아가는 인간이 수백 년 또는 수천 년을 살아왔다고 하는 생명체 앞에 서면 인간의 삶은 참으로 왜소하고 보잘것없어 보인다. 인간이 생각해내기도 어려운 세월을 살아온 나무, 그 나무의 생명력은 어디에서 오는 것일까? 나이 들음이 이처럼 아름답고 신비스러움을 간직할 수 있을까? 한 해 두 해 나이테에 역사를 기록하며 수백 년을 살아온 나무 앞에 서면 경이로울 뿐이다.

강원도 정선군 두위봉 정상 부근에는 천 년의 세월을 부쩍 뛰어넘은 주목이 그 위용을 자랑하며 집단으로 서식한다. 아주 왕성한 생육상태를 보인다. 말로만 듣던 주목의 강렬한 그 붉은빛을 제대로 감상할 수 있다.

이 나무의 탄생 시기로 돌아가 보자. 신라 백제 고구려 삼국이 각축을 벌이며 김유신 장군과 계백 장군이 전장을 누비던 시대다. 그때부터 살아온 나무가 우리 주변에 건강하게 자라고 있다. 그 기나긴 세월 동안 각종 위협으로부터 생명을 지켜온 것은 결코 예사로운 일이 아니다. 특히나 나무의 최대 천적, 인간의 위협을 1,400년 이상이나 이겨낸 것은 신비 그 자체다. 주목을 두고 "살아 천 년, 죽어서 천 년"이라고 하지만 이 나무는 이미 1,400살이 훌쩍 넘는 나이를 가지고 있다.

그러나 해외로 눈을 돌리면 천 년, 이천 년이 아니라 삼천 년을 넘기는 나무도 있고 오천 년의 나이로 추정되는 브리스톨콘 파인이라는 나무가 등장했다고 외신은 전한다. 인간이 상상해 볼 수 있는 나이를 추월하는 것이다. 그러나 이 나무의 고령을 갱신하는 사건이 발생한다. 스웨덴의 우메오 대학 라이프 쿨만 교수팀이 발견했다고 하는 가문비나무는 그 나이가 일만 년에 육박하는 것으로 나타나 세상을 놀라게 하고 있다.

생명의 신비는 어디까지인지 귀를 의심하게 한다. 그 많은 나이를 어떻게 측정해서 나이를 계산했을까? 궁금해하던 필자에게 방사성 탄소연대 측정법으로 스웨덴 가문비나무 뿌리의 나이를 측정하면 9,553년이라는 숫자가 나온다고 전문가들은 전한다.

사람은 늙어가면서 몸도 마음도 추해진다고 걱정을 한다. 많은 사람이 곱게 늙어 생을 마무리하기를 열망하나 그것이 마음처럼 쉽지는 않다. 나무를 사랑하는 사람 중에는 나이 들어감이 나무를 닮고자 하는 분들이 많이 있다. 나무처럼 아니 저 낙락장송처럼 또는 고매한 매화처럼 나이가 들면 들수록 위엄이 있고 품위가 있기를 바라는 마음이 서려 있다. 이를 사모한 나머지 그 나무를 집 가까이에 심고 애지중지하며 닮고자 노력했던 것일까? 역사적 인물이 머물던 자리에는 그의 생애를 지켜본 위엄이 있는 고목이 즐비하다.

살아 천년, 죽어 천년, 인간의 한계를 뛰어넘는 주목

나이가 들면 들수록 향기가 깊어지고 경외감이 넘치는 고목의 아름다움을 닮을 수만 있다면 나이가 들고 늙은들 무엇이 아쉽겠는가? 순리대로 살아온 자연은 인간에게 한마디 한다.

"나를 닮으세요! 자연스럽게"

숲에서 배우는 삶의 지혜

숲속에는 많은 일이 일어난다. 새 생명이 움트고 자라고 꽃이 핀다. 열매를 맺고 미생물도 곤충도 동물도 함께 살아간다. 그 속에 한 번 싹트면 움직일 수 없는 식물들이 최선을 다하여 서로 사이좋게 살아간다. 이처럼 온갖 생명체가 모여 사는 숲을 '생명의 숲'이라고 부르기도 한다.

자연의 세계를 누구는 강한 자만이 살아남는 약육강식(弱肉强食)이라 이야기하고 또 다른 사람은 환경에 적응한 자가 살아남는 적자생존(適者生存)이라고도 이야기한다. 물론 나름대로 주장을 담고 있다. 그러나 필자는 '서로 돕고 함께 사는 것이 숲'이라고 생각한다.

적자생존(適者生存)이란 말을 사전에서 찾아보면 '환경에 적응하는 생물이 살아남고, 그렇지 못한 것은 도태되어 멸망하는 현상'이라고 설명한다. 영국의 철학자 스펜서(1820-1903)가 제창하고 종의 기원으로 유명한 다윈이 이 용어를 즐겨 사용했으나 다윈의 자연 선택론의 '적자생존' 이론은 그 해석이 스펜서와는 판이하다.

적자생존을 약육강식으로 오해하는 사람들이 많이 있다. 강자가 모든 것을 싹쓸이하는 승자독식을 적자생존으로 이해하는 것은 매우 위험한 발상이다. 영국 철학자이자 경제학자인 스펜서는 "환경에 잘 적응하고 잘 번식한 생물이 살아남는다"라는 적자생존의 사회진화론을 주장한다. "우수한 능력을 지닌 인간만이 살아남을 수 있다", "강한 자가 살아남는다" 스펜서는 여기서 한발 더 나아가 "우수한 자가 이득을 갖게 되며 그렇지 못한 자가 도태되는 것은 당연하다"라거나 "능력이 없는 자를 정부가 구제하는 것은 불필요하다"까지 발전한다.

이러한 스펜서의 사상은 19세기의 유럽을 주름잡고 강한 자가 약한 자를 공격하는 전쟁으로 발전한다. 우월한 유럽인이 미개한 대륙을 식민지로 삼는 것은 정당하다는 이론적 토대를 마련하기도 한다. 급기야 서구문물에 심취한 일본의 후쿠자와 유키지(福澤諭吉 1835-1901)는 이러한 사상을 신봉하고 나선다.

일본은 우월하고 한국, 중국 등은 미개하다. 고로 식민지 지배가 정당하다는 환상에 빠지게 되고 착취와 정복의 대상으로 삼는다. 이러한 사상의 오류는 참혹한 전쟁을 몰고 왔다. 인류에게 인간성을 말살하는 심대한 상처를 남겼다는 것은 모두가 잘 아는 사실이다.

스펜서 사상의 그림자는 지워지지 않았다. 아직도 심각한 문제를 남기고 있다. 한국 사회에서도 무한 경쟁이 절대적 상황으로 당연시하고 미덕이며, 살아남는 것이 가장 절박한 과제가 된 것이다. 또한 '1등 지상주의'가 최고의 가치로 군림한다. 인간이 추구해야 할 소중한 가치는 뒷전으로 밀리고 있다. 성공만이 지상 과제가 되는 것이 현실이다. 인간을

함께 어울려 자라는 숲

생존 경쟁에 내몰린 존재로만 인식할 뿐이다. 이러한 사고에 경종이 울리고 있는 것은 당연할 것이다.

사회는 인간이 활동하는 공간이다. 인간 사회에는 과학적 법칙뿐만 아니라 인간적 가치가 더욱 존중되어야 한다. 그래야 사람이 살아가는 사회가 된다. 모든 생명은 존엄성이 있고 존엄성은 지켜져야 한다. 함께 어우러져 사는 세상이어야 한다.

일찍이 "자연으로 돌아가라!"라는 경고가 있었다. 우리는 위대한 스승, 자연에서 한 수 배워야 한다는 것이다. 자신의 희생으로 다른 생명체가 살아갈 수 있도록 헌신하는 들풀보다 못한 인간이 득실댄다면 그것은 바람직한 인간 사회가 아니다.

인간을 조종해 온 식물의 전략

서로 돕고 살아가는 숲의 질서는 현대사회에 큰 교훈을 주고 있다. 숲은 온갖 생명이 움트고 살아가는 생명의 터전이라는 데는 이의가 없다. 그러나 숲을 어떻게 볼 것이냐에 따라 숲의 가치는 달라진다. 서로 돕고 사는 공동체로 보는가 아니면 강자가 독식한다고 생각하느냐에 따라 식물과 인간의 세계는 확연히 달라진다.

짐승을 약육강식의 세계라고도 이야기하지만 강한 자가 약한 자를 무작정 살육하지는 않는다. 자신의 배를 채울 만큼만 사냥하는 것으로 알려져 있다. 인간의 욕망처럼 탐욕스럽게 사냥하여 쌓아두고 독식하지 않는다. 그래서 동물의 세계에는 적정한 개체 수가 유지된다. 자동으로 조절되는 온도조절 장치처럼 말이다.

동물이나 식물을 관찰하다 보면 질서 정연하고 이웃을 배려하는 마음이 인간보다 뛰어나 보일 때가 한두 번이 아니다. 누가 이 질서를 준비했을까 경이로운 비밀에 감탄할 수밖에 없다.

산자락을 깎아내어 풀 한 포기 없는 민둥산을 생각해 보자. 시간이

마지막 남은 몸을 버섯에게 주는 나무

지나면 민둥산에는 선구자가 도착한다. (지의류나 균류는 눈에 잘 띄지 않음으로 1년생 초본부터 이야기를 시작하기로 한다.)

지의류나 근류 다음으로 1년생 초본들이 먼저 자리를 잡는다. 인간의 기준으로 볼 때 잡초들이 들어와 사는 것이다. 2차 여러해살이 초본류, 3차 키 작은 나무들, 4차 햇볕을 좋아하는 나무들(양수림), 5차 음지에도 잘 자라주는 나무(음수림), 6차 극상림을 이루는 숲이 된다는 것이

학계의 정설이다.

황폐지에 초본류가 선구자인 셈이다. 그들은 움직일 수 없음에도 용케도 이 자리를 찾아 나선다. 인간이 무심코 지나치는 한 부분이다.

식물은 움직이는 동물도 아니지만, 이 먼 곳에 정착할 수 있다. 그렇게 진화하고 생존해 왔다. 이때 바람을 타고 이동하기 쉬운 씨앗들이 첫 번째로 자리 잡는다. 그런가 하면, 동물의 힘을 빌려 새로운 곳에 둥지를 틀기도 한다.

식물들은 어떤 지혜를 지녔기에 바람을 타고 하늘을 날 줄도 알고, 동물을 이용하여 움직이는 방법을 알아냈을까? 궁금한 일이 아닐 수 없다. 식물은 원래 그렇게 살아가는 것이 아닐까 하고 생각했지만 알고 보면 곳곳에 우리가 모르는 비밀이 깔려 있다.

만물의 영장이라는 인간이 무색해진다. 인간이 식물을 이용하는 것이 아니라 식물이 인간을 이용하고 있다는 생각이 든다. 식물이 유혹하는 눈짓에 인간이 넘어간 것은 아닐까? 바람과 태양, 짐승과 사람을 이용하는 방법을 식물은 알고 있다.

한 예로 저 들판에 자라고 있는 벼들을 보자. 그들은 인간의 온갖 보살핌을 받으며 이 세상을 살아가며 자손을 남기고 있다. 인간은 그들을 통하여 식량을 얻고 벼는 생존과 자손의 보전을 보장받는다.

해마다 생존을 영속적으로 유지하는 것이다. 주변의 많은 식물 중 특

인간을 숲으로 불러들이는 나무들

별한 대우를 받는다. 과연 벼를 관리하는 인간이 지혜롭고 우월한가? 아니면 사람으로부터 온갖 극진한 대접을 받고 수천 년을 이 땅에 살아온 벼가 우월한가? 인간은 볍씨를 보호 계승하는 보호자에 불과하지는 않은가?

그러나 관계를 승자와 패자로 나누기보다는 "서로 돕고 공생한다"라고 생각하면 마음이 따뜻해진다. 우리는 함께 이 땅에 사는 것이다. 우리의 주변에 이처럼 서로 공생하며 의미 있게 살아가는 생명은 부지기

수다. 서로에게 필요함과 절실함이 다를 뿐이다. 자연보호를 말하지 않아도 왜 인간이 자연에 속한 일원인지를 아는 순간 모든 생명은 소중해진다.

인간 사회는 더더욱 '함께 살아간다'라는 공생의 정신이 필요하다. 이제 승자의 기록만이 역사가 되어서는 안 된다. "강한 자만이 살아남는다", "승리한 자가 모든 것을 가질 수 있다"라는 잠에서 깨어나야 한다. 1등이기 위해서는 당신을 1등으로 만든 2등과 3등도 있다는 사실을 염두에 둔다면 세상은 따뜻해지고 더 성숙한 사회가 될 것이다.

상처를 간직하고 살아가는 나무

어울려 사는 나무들

무더운 여름철에 환영받는 것이 있다면 더위를 피할 수 있는 그늘이다. 그중 시원한 나무 그늘은 예나 지금이나 인기가 있다. 눈부신 과학으로 쾌적한 냉방장치가 돌아가도 나무 그늘의 신선함에는 이르지 못한다. 이러한 연고로 시골 마을에는 정자나무로 불리는 거목이 그늘을 만들어 주고 도시의 아파트단지도 나무의 식재 정도에 따라 아파트 가격에 영향을 주는 숲세권이라는 용어까지 탄생했다. 8학군이 난리고 역세권이 인기리에 분양이 됐다. 생활 수준이 높아지고 건강에 관심이 부쩍 증가한 지금, 숲세권 주택들이 귀한 몸이 되었다. 결국 숲이 인기를 누리는 시대다.

숲은 인간에게 정말 좋은 건가? 아니면 식자들의 허풍인가? 의구심이 이는 일에는 경험처럼 소중한 증명도 없다. 필자가 살아가는 집 주변에는 싸리산이라는 야트막한 산이 있다. 남한강 변에 있는 싸리산은 완만한 산이지만 아름다운 전설도 간직하고 있다. 수림도 울창하고 산정에는 운치 있는 정자가 있다. 오르내리는 사람들이 많은지라 산책로가 잘 정비되어 있다. 천천히 둘러본다 해도 2시간 정도면 충분하다. 산정에 오르면 남한강과 여주 시내가 한눈에 들어온다. 어렵지 않게 이천과 양평, 안성, 용인, 원주, 충주의 산봉우리도 볼 수 있는 시야가 탁 트인 조망이 뛰어난 산이다.

산에 오르는 묘미는 먼 곳까지 시원하게 볼 수 있는 조망도 한몫한다. 산정에 오르면 남한강의 넉넉한 물은 물론 강천보, 여주보, 이포보를 둘러볼 수 있는 요충지다. 싸리산은 등산의 묘미보다는 탁 트인 경관과 시야를 가리지 않는 전망이 타의 추종을 불허한다. 가슴이 답답하다면 이 산에 올라 멀리 용문산과 추읍산, 치악산, 북성산, 원적산, 노성산, 양자산, 오갑산을 두루 조망할 수 있다.

싸리산에 간직된 전설은 여주 특산인 도자기와도 깊은 관련이 있다. 전하여 오는 이야기는 이렇다.

싸리산에 있던 암자에서 고승과 동자승이 수행 정진하고 있었다. 이 암자에는 마당바위가 있었는데 이 바위틈에서 신기하게도 쌀이 조금씩 흘러나왔다. 어느 날 고승이 먼 길을 떠나게 되었다. 고승은 길을 떠나기 전에 동자승에게 함부로 이 바위를 다루지 말라고 신신당부를 하고 길을 떠났다. 늘 배가 고팠던 동자승은 배불리 먹고 싶은 생각이 드는지라 스승의 당부도 잊어버리고 쌀 나오는 곳을 정으로 쪼아 입구를 넓혔다.

쌀이 나오는 입구가 너무 좁으니 입구를 넓혀 많은 쌀을 얻는다면 스승님도 좋아하실 거라 기대했다. 동자승은 힘든 줄도 모르고 바위를 깼다. 그러나 더 많은 쌀이 나오기는커녕 나오던 쌀마저 뚝 그치고 말았다. 동자승은 그제야 스승의 가르침을 깨달았으나 이미 엎질러진 물, 쪼아낸 돌조각을 처음처럼 되돌려 보았지만 허사였다.

그 후 먹을 것이 없어지자 암자는 쇠퇴하고 빈터만 남게 되었다. 그러나 우뚝 선 마당바위 바로 아래서 쌀 대신 하얀 백토가 나왔다. 이 백토는 도자기를 만드는 데 없어서는 안 되는 귀중한 원료였다. 백토 덕분에 여주에서 훌륭한 도자기를 만들 수 있게 된 것이다. 도자기를 구울 수 있게 되자 싸리산 아래 도자기 마을은 나날이 발전했다. 이후 아무도 동자승의 잘못을 나무라지 않았다는 이야기가 전해 오고 있다. 이렇게 쌀이 나오는 산이라 싸리산이 불리게 되었다는 전설이다.

산을 오르며 땀을 흘리기로 작정했다면 더위는 별반 문제가 되지 않는다. 비탈길을 오르면 숲속으로 난 길에 울창한 나무가 시원한 그늘을 만들어준다. 신선함이 있다. 숲속 특유의 향기가 있고 아스팔트 위로 지나가는 후덥지근한 바람도 없다. 산정에 부는 바람은 청량하고 바람에 맞춰 흔들어주는 나뭇잎의 동작은 평화롭다. 눈도 가슴도 모두 시원하다.

산 위에서 부는 바람, 시원한 바람! 그 바람은 좋은 바람, 고마운 바람! 콧노래가 절로 난다.

숲길로 이어지는 등산로는 녹색의 잎으로 풍성하다. 그 속을 살펴보면 나무들은 각자 자리에 어울려 산다. 키가 큰 나무 밑에는 어김없이 키가 작은 나무들이 모여 있다. 주요 나무 이름엔 참나무 여섯 형제(상수리, 졸참나무, 굴참나무, 떡갈나무, 신갈나무, 갈참나무)를 비롯한 소나무, 잣나무, 벚나무, 리기다, 은사시, 아까시나무, 밤나무, 버드나무, 오리나무, 오동나무가 있다. 중간키 나무로는 노간주나무, 팥배나무, 때죽나무, 느릅나무가, 작은 키 나무는 주로 등산로 옆에서 잘 자라고 있다. 산딸기나무, 산초나무, 진달래, 국수나무, 댕강나무, 철쭉, 청미래덩굴, 싸리가 옹기종기 모여 아름다운 숲을 이루고 있다.

서로 다른 나무끼리 조화를 이루어 살아간다

나무는 어울려 산다. 큰 자도 작은 자도 서로를 소중히 여기며 자신의 본분을 다한다. 큰 키의 나무가 없어도 중간키의 나무가 없어도 작은 키의 나무가 없어도 숲은 아름답지 않다. 조화롭게 어울려 함께 살아가는 숲에서 사람이 살아가야 할 덕목을 생각해 본다.

나를 빛내주는 이웃

무한한 인간의 욕구를 단계별로 설명한 이론이 있다. 에이브러햄 매슬로(Abraham Harold Maslow)가 '인간 동기 이론'이라는 논문을 발표한 후 인간의 욕구를 설명하는 데 일반적으로 이용되는 이론이다. 사람들에 의해 소유되는 주요한 욕구들을 계층화함으로써 하나의 이론으로 발전시킨 것이다. 인간의 욕구는 위계적, 계층적 질서가 존재한다는 의미를 담아 '욕구 위계 이론'이라고도 하며 그의 이름을 따서 '매슬로의 욕구 이론'이라고도 부른다.

인간의 동기가 작용하는 상태를 설명하기 위해 매슬로는 인간의 동기 유발을 생리적 욕구, 안전 욕구, 애정과 소속의 욕구, 존중 욕구, 그리고 자아실현 욕구의 단계로 구분한다. 욕구 피라미드의 하단부에 있는 욕구가 충족되어야만 상위 계층의 욕구가 나타난다고 설명하고 있다. 매슬로의 욕구 단계 이론은 인간의 보편적인 동기의 많은 부분을 설명하지만, 한계도 있어 최근에는 이를 보완한 새로운 피라미드 욕구 이론도 등장하고 있다.

식물 이야기에 왜 인간의 욕구 이론이 등장하는 것일까? 식물도 사람처럼 단계별로 욕구가 있고 자아를 실현하는가? 아직 식물이 자아를 실현한다는 이야기는 들어보지 못했다. 인간의 욕구가 식물의 생태를 관찰하면서 자신의 자아실현에 모델로 삼았다는 이야기는 어렵지 않게 찾아볼 수 있다. 사군자라며 매난국죽(梅蘭菊竹)으로 불리는 식물군이나 추사의 세한도에 나타난 소나무를 보면서 고개를 끄떡이는 사람도 있을 것이다. 그렇다면 위를 향하여 오르는 습성을 지닌 등나무와 최고의 정점을 향하여 발달하는 인간 내면의 욕구는 유사한 것이 아닌가?

이웃과 함께 조화로운 나무

이웃 덕분에 서로가 빛난다

칡(葛)과 등나무(藤)가 만나 서로 꼬이면 풀기가 어렵다고 하여 갈등(葛藤)이라는 말이 생겨났다는 이야기는 널리 알려져 있다. 누군가가 세심히 살펴보고 인간사의 생활에 대입하여 보았을 것을 짐작할 수 있다. 칡이나 등나무는 한 고집 하므로 한 번 꼬였다 하면 풀 수가 없다. 이러한 사실을 직접 확인하려고 필자도 여러 곳을 다니며 관찰하였지만, 칡과 등나무가 함께 자라는 곳은 흔하지 않다. 칡과 등나무가 함께 있는 곳은 서로를 반대쪽에서 꼬고 있어 고통스럽다. 누군가 그 갈(葛)과 등(藤)을 풀어주기 전에는 함께 죽어야 그 고통이 끝난다.

등나무의 또 다른 측면을 살펴보면 인간의 욕구가 생리적 욕구를 충족하면서 안전과 사랑 자아실현을 위하여 더 높은 고차적인 욕구로 발전하듯이 등나무 역시 높은 곳을 향하여 열심히 오른다. 기필코 정상에 오르겠다는 목표가 있는 것처럼 말이다. 등(藤)나무는 쉬지 않고 하늘을 향하여 오른다. 그 오르는 습성은 타의 추종을 불허한다. 이러한 특징을 잘 살펴본 계층이, 오르지 못하면 도태되는 계급사회다.

등나무는 오를 등(登)과 음이 같아 승진 또는 영전을 축하하는 의미로도 쓰인다. 사람의 욕구가 한 가지 충족되면 또 다른 욕구 충족이 일어남과 같이 욕구는 제자리에 머물지 않는다. 비움을 설파하는 식자들도 그 비움을 실천하여 자아를 완성하고자 피나는 노력을 게을리하지 않는다. 어느 누가 벼슬자리건, 생산 현장이건, 말단의 제자리걸음을 원하겠는가? 안전하고 존귀한 대접을 받고 싶어 하고, 당신이 최고라는 찬사를 듣고 싶고, 무궁한 발전을 염원한다. 나는 특별한 대접을 원하는 것이 아니라면서도 특별한 대접을 받고 싶은 것이 인간의 마음속에 숨어 있는 욕구는 아닐까?

등나무는 이런저런 눈치를 보지 않고 오른다. 또 오른다. 그것이 끝내 죽음에 이르는 길이라 할지라도 등나무는 오늘도 저 높은 곳을 향하여 쉼 없이 오른다. 간과하지 말아야 할 것은 지탱해줄 이웃이 있어야만 오를 수 있다는 사실이다. 이웃이 없는 곳에는 올라설 자리도, 오르는 실력을 뽐낼 수도 없다. 당신은 당신의 이웃이 있기에 소중하다. 이 사실을 잊지 말아야 할 것이다.

슈퍼컴퓨터를 울리는 나무

참 멋있다. 아름답다. 사람들의 눈을 확 끌어당기는 마력이 있다. 균형이 딱 잡히고 보기 좋은 모양을 나타내는 황금비율(golden ratio, 黃金比率)이라는 것이 있다. 편안한 시각으로 볼 수 있는 TV의 화면을 황금비율로도 표현한다. 아름답기가 최고라고 하는 비너스의 늘씬한 모습도 황금비율의 전형이라고 이야기한다. 어디 그뿐이랴, 유명 예술작품에 많이 등장하는 것이 황금비율이기도 하다. 그러나 황금비율이 예술가의 영역만은 아니다. 산천초목에도 황금비율은 적용된다. 어찌 보면 이 비율을 사람들이 자연에서 배워낸 것이다.

한국의 천연기념물 중 가장 아름다운 황금비율을 자랑하는 나무가 있다. 그 주인공은 보은의 정이품 소나무다. 소나무의 자라난 모습과 가지의 배열이 남다르게 아름답다. 자기 스스로 뻗은 가지이지만 예술가의 경지를 능가한다. 좌우대칭과 균형 잡힌 몸매를 자랑한다. 나이가 들면서 모진 풍파에 많이 상한 모습이지만 보는 이로 하여금 감탄을 자아내게 한다. 사람의 주변에는 신기할 정도로 정교한 예술작품처럼 아름다움을 발산하는 식물들이 널려 있다.

요즘 한참 익어가는 해바라기 앞에서 발길을 멈추었다. 부를 상징하는 황금색의 해바라기를 살펴보면 긴 설명이 필요하지 않다. 한 장의 사진이 더 설득력이 있을 수 있다. 빈 곳 하나 없이 촘촘하게 질서정연하게 배열된 열매를 보면 저절로 감탄사가 나온다. 어떻게 설계하고 배열하면 이런 작품이 나올 수 있을까? 정점에서 주변까지 그 어느 곳도 차별하지 않고 이렇게 열매를 고루고루 성숙시킬 수 있는 능력은 무엇일까? 빈부의 격차가 심화하고 갈등이 폭발하고 있는 시대에 저마다의 몫을 나누는 분배의 기술은 우리가 배워야 할 모습이다.

단 하나의 빈틈도 없는 식물의 지혜

인류에 큰 업적을 남기고 살아간 대수학자들은 이러한 결과를 수열로 설명하고 있다. '피보나치수열'이라 불리는 이 수열은 수학, 과학, 예술 등 많은 분야에 적용되고 있다. 이 이론이 경제와 소득의 배분에 적용된다면 인간이 꿈꾸는 '모두 다 함께 잘사는 세상'이 실현될 수 있을까 하는 생각으로도 발전한다.

식물 이야기가 다른 쪽으로 흘러가는가 싶다. 그러나 세상에 홀로 고집하는 것은 발전이 없다. 어울려 살고, 서로 영향을 주고받고, 도와가면서 살아간다고 생각하면 식물에서 보고 배우는 것이 불편할 이유는 없다.

언제 보아도 경이로운 것은 식물이 살아가면서 나타내는 모습이다. 두뇌를 가지고 있는 인간보다 정교하다고 느낄 때가 있다. 이 시간 언급한 해바라기만이 아니다. 가을을 알리는 들국화가 유명하다. 재밌는 사실은 '들국화'라는 이름의 꽃은 없다는 것이다. 들국화류가 맞다.

구절초나 쑥부쟁이를 관찰해보면 이들의 열매 맺음 또한 정교하다. 여름철에 즐겨 먹는 옥수수도 예외는 아니다. 한 알의 빈 틈도 없이 일정한 크기의 옥수수 알이 촘촘하게 배열된 모습을 보면 신기에 가깝다는 생각이 든다. 이 식물들에게 누가 이 배열을 가르쳤을까? 이들이 정해진 공간에 질서정연하게 자리하게 하는 모습은 다름 아닌 예술이다. 소나무의 솔방울과 잣나무의 잣송이나 침엽수의 구과는 질서정연한 비율이 자로 잰 듯이 질서정연하다. 이들의 스승은 과연 누구란 말인가?

저 하늘의 태양인가? 나무를 흔들고 지나간 바람인가?

들판의 곡식이 익어가고 가을이 성큼성큼 달려온다. 계절을 알리는 것도 식물이다. 절기에 맞게 꽃피우고 열매 맺고 잎을 떨군다. 슈퍼컴퓨터를 운용하는 기상청보다도 한 수 위처럼 보인다.

땀 흘리며 고생한 기상학자들의 자존심을 건드리자는 것은 아니다. 필자의 관찰 경험이 그렇다. 식물은 절묘하게도 꽃피는 시기를, 잎 만드는 때를, 열매 맺는 시간을 어떻게 꿰차고 있을까? 가을이 되면 열매를 내려놓을 준비를 한다. 누가 뭐라 하지도 않았는데 알밤은 가시 빗장을 열어젖히고 토실토실한 열매를 내려놓는다. 도토리는 멋진 모자를 벗어 던지고 땅으로 낙하한다. 그들은 예술가요, 수학자요, 기상관측가다. 눈을 즐겁게 하는 꽃을 피워내고 그윽한 향기를 나누어준다. 열매가 익으면 자기 몸을 나누어주는 인간의 부모 같은 존재다.

현대문명 속에서 끝을 모르고 타락하는 인간성을 구해내기 위해서는 자연 속에서 나무 속에서 변하지 않는 희생정신과 사랑을 배워야 한다. 산소를 뿜어내주고 열매를 주고 수명이 다하면 이웃의 거름이 되어주는, 나는 그런 나무를 경외하고 사랑한다.

✧

낙엽수와 상록수
누가 우월한가?

겨울을 맞이하는 나무 중에는 잎을 훌훌 떨고 앙상한 가지를 드러내고 세찬 바람과 맞서는 나무가 있다. 그런가 하면 봄이나 여름이나 별반 다르지 않게 푸른 잎을 가지에 달고는 변함없는 모습으로 겨울을 보내는 나무도 있다.

우리는 겨울에 잎을 떨어뜨리는 나무는 낙엽수, 사시사철 푸른 나무를 상록수라 부른다. 그러나 재미있는 것은 이런 나무의 형태를 두고 어느 나무가 더 우월하냐를 놓고 의견이 갈리는 경우가 있다. 변함없는 상록수에 점수를 주시는 분도 있고, 환경에 능동적으로 대처하는 낙엽수에 공감하는 분도 있다. 지금 이 글을 읽으시는 독자라면 어느 나무에 점수를 더 주실까?

대답을 뒤로 미루고 상록수에 대하여 조금 더 이야기를 이어가 보자. 녹색이 넘실대던 들판이 황량하게 변하고 뭇 나무들이 앙상한 가지를 드러내는 겨울이다. 이 추운 겨울에 푸른 잎을 거느리고 생생함을 자랑하는 상록수의 모습은 여름과는 다른 매력을 가지고 있다. 변화를 외치고 "변화하는 것이 살길이다"라는 구호와는 또 다른 모습이다. 변하지 않는 그 모습에 박수를 보내는 사람들도 있다. 이런 경우에는 보편성의 법칙보다 희소성의 법칙이 우선한다. 겨울철은 소수인 상록수가 돋보인다. 희망차게 보이고 세상이 다 변해도 변함없는 모습이 믿음직하다는 견해가 지배한다. 막전 막후에서 음모가 뒤끓는 시대에 영원히 나를 지켜줄 것 같은 충직한 모습에 마음이 간다는 것이다.

이러한 믿음은 그 시대를 살아가는 문화와 정신적 지주로 성장한다. 상록수의 대표격인 소나무를 살펴보자. 거주 공간도 소나무, 생활 용구도 소나무, 전투 시 전략물자도 소나무, 죽어서도 소나무, 경사스러운 날 병풍 속의 그림도 소나무가 들어가 있다. 제왕이 사용하는 '일월오봉도'에도 붉은 소나무가 영묘하게 자리하고 있다. 일상에 스며든 문화는 알게 모르게 소나무를 충성심, 정절, 장수, 정의감의 상징으로 표현하고 권력자는 은연중에 상록수 같은 충성심을 갈망해왔다.

왕조시대에 왕족은 측백, 향나무, 소나무 등의 사시사철 푸른 나무를 심고 가꾸며 자신의 영화가 영원하고 변함없기를 소망했다. 그런가 하면 일반 벼슬아치나 백성은 감히 그 나무를 심지 못했다. 아니 권력자들은 엄격한 등급을 매겨서 관리했다. 자신들만이 독점하던 시대가 있었다.

학자나 벼슬을 희망하는 사람이 심는 나무가 바로 학자수로 알려진 회화나무였다. 겨울이면 잎을 떨어뜨리는 낙엽수다. 왕족은 그 권력이 푸른 상록수처럼 영원히 이어 나아가지만, 백성의 벼슬은 때가 되면 거두어들이는 이치를 담고 있다.

우리나라도 옛날 나무에 대한 믿음은 예외가 아니다. 현존하는 창덕궁에도 정승의 나무로 불리는 회화나무가 조선 왕실의 역사를 간직한 채 늠름하게 버티고 있다. 벼슬아치는 물러갔지만, 그들을 맞아주던 회화나무는 그 자리를 지키고 있다.

낙엽이 지는 나무와 늘 푸른 나무는 문화나 정서적으로 사람들의 마음속에 자리 잡고 있음이 원초적으로 달랐다. 낙엽수가 낙엽을 떨어트리는 것은 생존을 위한 수단이다. 뿌리에서 공급되지 않는 수분이 잎을 통하여 증발하면 나무는 죽음에 이른다. 절묘하게도 온도가 내려가

침엽수와 활엽수가 어울려 저마다의 모습을 자랑한다

면 이를 감지한 나무는 잎을 떨어뜨리는 준비를 한다. 단풍이 들고 이내 낙엽이 되어 가지를 떠난다. 삶의 방식이 다른 것이다. 잎을 떠나보낸 나무는 다음의 봄을 준비한다. 더 왕성한 잎을 생산하기 위한 노고는 겨울의 칼바람 추위를 견디어 냄으로써 준비된다.

죽은 자를 가슴에 품고 살아가는 나무

식물의 세계에 누가 우월하고 열등하고는 없다. 각자 고유한 특성에 따라 역할이 다르고 생존의 방식이 다를 뿐이다. 자연은 함께 어울려 살아갈 때 자연의 가치를 지닌다. 강한 자가 생존하는 것이 아니라 환경에 적응하는 자가 살아남는다. 온대 지방에서 겨울에 상록수가 우월하게 보이는 것은 그를 돋보이게 하는 낙엽수가 있기 때문일 것이다.

나에게 절망이란 없다 '담쟁이'

막다른 골목, 항우는 사면초가(四面楚歌)에 몰렸다. '하늘이 날 버렸다!' 항우는 '강을 건너 살아 돌아가야 재기할 수 있다'라는 정장의 권유를 물리쳤다. 살아 돌아간들 자신을 따라온 강동 자제들을 다 죽여 놓고서 무슨 면목으로 백성들을 보겠느냐며 마지막 명분을 내세웠다. 약간 허풍을 곁들인다면 항우는 백 번을 싸워 아흔아홉 번 이기고 한 번 패했다. 그런데 그 한 번의 패배를 견디지 못했다. 항우에게는 실패란 없었다. 항우가 절망을 딛고 일어나 재기했다면 지금 역사는 어떻게 변했을까? '역사에 가정은 없다'라고 하지만 영원한 패장으로 기록되지는 않았을 것이다.

한 시대를 풍미한 영웅 항우도 역발산기개세(力拔山氣蓋世)를 자랑했지만 스스로 자결하고 말았다. 절망 앞에 모든 것을 던져버린 것이다. 아니 절망이 그를 삼켜버린 것이다. 그러나 힘들고 지쳐 절망에 고개를 숙이고 있을 때, 비탄에 젖어 포기를 떠올릴 때, 담쟁이가 한 줄기 희망을 준다. 우리는 그것은 희망의 상징이라고도 하고 믿음이라고도 부른다.

잣나무를 타고 오르는 담쟁이, 약으로 쓰인다

충성이 최고의 덕목이던 시절, 늘 푸른 소나무의 모습은 선비들이 닮고자 했던 상징물의 우두머리였다. 사시사철 변함없는 모습에서 충직한 모습으로 자리매김했다. 혹독한 풍파와 눈보라 속에서도 그 품위를 잃지 않는 모습이 뭇사람의 섬김의 대상이 될 수 있었다.

불의와 타협하지 않는 올곧은 성격을 대쪽에 비유하기도 한다. 하늘을 향하여 거침없이 뻗어 나가는 대나무에서 불굴의 기개(氣槪)를 본다. 엄동설한의 혹독한 추위를 이겨내고 눈 속에서 피어나는 설중매를 보고 그윽한 향기를 사모한 인걸이 한둘이 아니다. 가혹한 환경을 이겨냄이 얼마나 향기로운가를 사람들은 잘 알고 있다. 그리고 그 고매한 모습을 닮기를 갈망했던 우리나라 선비들의 역사가 면면히 전해온다.

내 앞길에 벽이란 없다.
벽은 도전의 대상이다

나무라고 보기에는 보잘것없는 담쟁이의 모습에서 절망의 벽을 성취의 사다리로 바꿔버린 혜안이 있다. 나의 앞길을 막는 벽이라고 좌절하지 마시라! 이젠 어쩔 수 없다고 포기하지 마시라! 작은 도전이 모여 성공을 만드나니 벽은 시도하는 자에게는 길이 되고 기회의 문이 된다. 나에게로 오는 것은 그 무엇이든 다 가치가 있다. 아름답게 만들겠다는, 절망을 잡고 일어서는 담쟁이 정신이 필요한 요즘이다. 시 〈담쟁이〉를 음미해보자.

—

담쟁이는 말없이 그 벽을 오른다

……

한 뼘이라도 꼭 여럿이 함께 손을 잡고 올라간다
푸르게 절망을 잡고 놓지 않는다
저것은 넘을 수 없는 벽이라고
고개를 떨구고 있을 때
담쟁이 잎 하나는
담쟁이 잎 수천 개를 이끌고
결국 그 벽을 넘는다"

- 도종환, <담쟁이> 중 일부

—

내 나무는 왜 꽃을 피우지 않을까?

코로나로 세상이 들끓었어도 봄이 오는 속도에는 변화가 없었다. 오히려 봄의 걸음은 한 발짝 더 빠른 것 같다. 꽃이 지천으로 피어나고 그윽한 향기는 산천을 뒤덮는다. 한껏 꽃구경에, 화창한 날씨에, 집 밖으로 나서고 싶은 생각은 굴뚝같다. 그러던 차에 사회적 거리 두기에 충실한 친구로부터 전화가 왔다. 집 안에 머무는 시간이 오래되어 보통 답답한 것이 아니라는 것이다. 그나마 집 주변에 피어나는 꽃을 보며 답답함을 달래고 있는데 도대체 이해가 안 되는 일이 있다는 것이다. 친구는 전화로 하소연을 쏟아낸다.

"원 박사 하나 좀 물어볼 게 있어."

"난 박사가 아닌데 잘못 물어보는 거 아냐? 무슨 일인지 진짜 박사에게 도움을 받아야지."

"아, 무슨 소리. 친구야말로 나무 박사잖아!"

"뭔데 그렇게 어렵게 말을 해, 일단 들어는 볼게. 말해봐."

"아니 온 산천에 꽃이 만발하는데 우리 집 철쭉은 꽃 필 생각을 안

하네. 뭐가 잘못됐는지 알 수 있을까? 어떻게 하면 꽃이 피는 거야?"

"그 철쭉이 어디에 심겨 있는데?"

"아, 그거. 작년 집들이 선물로 받은 건데 마음에 쏙 들어, 안방 창가에 잘 모셔두고 있지! 물관리도 잘하고 겨울에 얼어 죽을까 봐 보온도 신경 쓰고 애지중지했는데 말이야."

"아 그랬구나! 잎은 잘 나왔어?"

"아주 싱싱하지, 그런데 꽃을 안 피우는 철쭉이 무슨 소용이야. 내다 버리자니 아깝고."

"친구 속상하겠네."

"아주 잘생긴 나무인데 너무 아깝고 마음이 아프네!"

"화분 하나 가지고 뭘 그리 신경을 쓰나. 내년에 꽃을 보면 되겠지."

"올해 안 핀 꽃이 내년에 필 수 있을까?"

"그야 하기 나름이지, 내가 한번 집에 들를게, 가서 상태를 보고 이야기를 나누자고."

며칠 후 친구와 만나 문제의 꽃을 피우지 않는 철쭉을 살펴보았다. 정말 잘 기른 나무였다. 버리기엔 너무도 아까운 나무. 꽃을 피워주지 않으니 얼마나 속이 상했을까. 친구의 표정이 대단히 섭섭해 보인다. 나무의 마음이 변했나? 아니면 철쭉이 해거리하면서 꽃을 피우나, 그저 아쉽기만 하다면서 묘책이 있는지 재촉이 심했다.

사실 이 같은 경우는 과보호가 문제다. 식물은 저마다의 특성이 있다. 한마디로 살아가는 방법이 다른 것이다. 봄에 지천으로 피어나는 꽃 중에도 잎을 피우기 전에 꽃을 피우는 나무도 있고, 잎을 피우고 천천히 꽃을 피우는 나무도 있다. 아예 봄에 꽃을 피우지 않고 뜨거운 여름이나 가을이 되어 다른 나무가 열매를 떨굴 때쯤 꽃을 피우는 등 다양한 종류가 있다.

그러나 인위적으로 식물의 생육 환경이 바뀌면 이 생체시계는 혼란을 일으킨다. 철쭉은 추운 겨울을 견뎌내고야 새봄에 꽃을 피운다. 식물학자들이 말하는 춘화처리(vernalization 春花處理)가 있다. 일정 기간 저온 속에서 시간을 보내야 꽃을 피우는 식물에, 특정의 목적을 가지고 인위적으로 저온 상태를 만들어 목적을 달성하는 것이다. 이 철쭉은

철쭉류는 추운 겨울을 이겨내고 꽃을 피운다

겨우내 따뜻한 방에서 편안하게 지낸 것이 문제다. 꽃 피우기에 충분한 저온 기간을 보내지 않았으니 꽃을 피울 리가 없다.

"불시일번한철골(不是一番寒徹骨), 한번 뼛속에 사무치는 추위를 겪지 않고서야, 쟁득매화박비향(爭得梅花撲鼻香), 어찌 매화 향기가 코끝 찌름을 얻을 수가 있겠는가?" 황벽 선사가 남긴 말씀이라고도 하고 선인들이 후학에 전하는 교훈이기도 하다. 인간이나 식물이나 별반 다르지 않다. 금수저를 부러워할 일이 아니다. 모진 어려움을 극복하고 일어선 사람이 박수받는다. 식물 또한 다르지 않다. 혹독한 고난을 이겨낸 식물이 아름다운 꽃을 피우고 진한 향기를 발산한다. 나는 그래서 금수저보다 흙수저의 고뇌와 노고에 박수를 보낸다.

주엽나무 열매 무게가 선남선녀를 흥분하게 하는 이유

가을은 결실의 계절이다. 봄에 씨앗을 뿌리고 무더운 날에 수고한 농부들이 알곡을 거두어들이는 계절이다. 그런가 하면 청춘의 남녀가 인륜지대사(人倫之大事)를 치르는 결혼의 계절이기도 하다. 결혼에는 소중한 예물이 필요하다. 따라서 결혼의 계절이 다가오면 다이아몬드 열풍이 인다. 이 계절이 되면 캐럿이라는 단위가 세간의 관심사가 되기도 한다. 캐럿 앞에 붙는 숫자에 따라 희비가 엇갈리고 단위가 클수록 부러움의 대상이 되기도 한다. 한 모금의 물은 소중한 생명을 지킬 수 있지만, 생명을 유지하는 데 아무런 쓸모가 없는 다이아몬드가 열광적인 사랑을 받는 것이다.

영원한 사랑의 징표라는 다이아몬드. 다이아몬드라는 이름은 '정복할 수 없다'라는 뜻의 그리스어인 '아다마스(adamas)'에서 그 유래를 찾는다. 그리스 전설에 따르면 다이아몬드는 신의 눈물이라 생각해 왔으며, 로마인들은 하늘에서 떨어진 별 조각이라고 애지중지했다. 오랜 세월 고대인들에게 다이아몬드는 영험한 부적으로 애용되었다고 한다.

처음 보석으로 사용된 다이아몬드는 연마되지 않은 상태로 헝가리 여왕의 왕관에 부착됐다고 역사가들은 이야기한다. 세계를 주무르던 프랑스와 영국의 왕실이 1,400년대부터 보석으로 사용할 다이아몬드를 구하러 다니기 시작한 이후 '황제의 보석'으로 변신한다. 이후 사랑의 징표인 다이아몬드가 박힌 반지는 귀족들과 상류사회에 널리 전파되기 시작했다. 권력의 상징으로, 부의 과시로, 다이아몬드는 현대에도 '영원한 사랑'을 표방하며 선남선녀의 소중한 결혼예물로 자리하고 있다.

이 귀하고 소중한 다이아몬드가 나무의 열매와 관련이 있다면 의외일까? 다이아몬드와 나무가 무슨 상관이 있을까. 나무 중에도 아주 독특한 모습을 한 나무들이 많이 있다. 날카롭고 위협적으로 생긴 큼지막한 가시가 나무줄기를 에워싸듯이 붙어 있는 주엽나무도 그런 나무 중 하나다. 줄기나 가지에 가시가 있는 나무들은 나름대로 자신을 보호하려는 본능적 생리적 특성을 지닌 방책이며, 나무마다 가시가 붙어 있는 위치나 모양이 서로 다르다.

주엽나무는 열매가 익으면 열매 속에 끈적끈적한 잼 같은 달콤한 물질이 들어 있다. 이것을 '주엽'이라 해서 주엽나무라는 이름이 붙게 되었다고 한다. 주엽나무는 20~30년 되어야 열매가 달리기 시작한다. 보호할 씨앗이 없어서일까, 어렸을 때는 나무에 가시가 없거나 있어도 위협적이지 않다가 열매가 본격적으로 달리면 굵은 줄기에 큼지막한 가시가 생겨 철옹성처럼 열매를 보호한다. 주엽나무의 열매는 일정한 크기로 여물며 신비하게도 열매의 무게가 동일한 특징을 지니고 있다고 한다.

주엽나무 씨앗 1개의 무게는 0.2gm이다. 이 무게 단위를 캐럿이라고 부른다. 다이아몬드의 중량을 다루는 단위이다. carat은 캐럽(Carob)에서 유래된 말로 여자들은 이 단어를 매우 좋아한다고 한다. 지역에 따라 케럿트라고 불리기도 하며 그 앞에 붙는 숫자에 비례해 입이 벌어진다는 우스갯소리도 있다. 중동의 carob tree는 쥐엄나무로도 불리고 주엽나무라고도 불린다. 다이아몬드의 무게를 정확하게 측정하기 위해서는 0.2gm

주엽나무 열매에서 캐럿이라는 다이아몬드 무게가 탄생했다

씩 정확하게 나가는 쥐엄나무의 씨앗이 필요했으며 캐럿이라는 다이아몬드 중량 단위는 주엽나무에서 탄생하여 오늘에 이르고 있다고 한다.

성서 속에도 등장하는 주엽나무 열매는 당시에는 돼지의 먹이였다. 짐승들의 사료가 캐럿인 것이다. 탕자는 돼지가 먹는 주엽나무 열매라도 먹으며 연명하고자 했다. 천하디천한 빈자가 먹던 그 열매에서 부의 상징이자 권력의 상징, 변하지 않는 영원한 사랑을 상징하는 다이아몬드의 캐럿 용어가 탄생한 것은 우연이 아닐 것이다.

사람은 천하다고 항상 천한 것도 아니고 귀하다고 항상 귀한 것만은 아니다. 형편이 좋을 때 겸손하고 최악의 바닥에서도 박차고 일어나는 희망만은 잃지 말자. 다이아몬드보다 귀하디귀한 것이 희망이다.

청춘으로
피어나는 꽃

평생 청춘의 마음을 지니고 세상을 산다는 것은 축복이다. 그러나 쉬운 일은 아니다. 나약한 인간의 마음은 수시로 흔들린다. 마치 바람 부는 언덕 위에선 갈대처럼 말이다. 사람은 마음먹기에 따라 노인도 청춘이 되고 20대에 늙은이도 된다. 청춘을 노래한 사무엘 울만의 가슴으로 들어가보자.

청춘(YOUTH)

청춘이란 인생의 어떤 한 시기가 아니라
마음가짐을 뜻하나니
장밋빛 볼, 붉은 입술, 부드러운 무릎이 아니라
풍부한 상상력과 왕성한 감수성과 의지력
그리고 인생의 깊은 샘에서 솟아나는 신선함을 뜻하나니

청춘이란 두려움을 물리치는 용기

안이함을 뿌리치는 모험심

그 탁월한 정신력을 뜻하나니

때로는 스무 살 청년보다 예순 살 노인이 더 청춘일 수 있네

누구나 세월만으로 늙어가지 않고

이상을 잃어버릴 때 늙어가나니

- 사무엘 울만(Samuel Ullman), <청춘> 중 일부

필자는 시 〈청춘〉을 좋아한다. 읽으면 읽을수록 가슴에 와닿는다. 내 가슴속에 평생 청춘으로 살아가야 할 욕망을 용솟음치게 한다. 힘찬 심장의 고동소리가 우렁차게 울려 퍼진다. 나는 어려운 일이 있을 때 이 시를 즐겨 읽는다. 그리고 나의 청춘을 떠올려본다. 60~70년대의 혹독한 시절을 생각해본다. 적어도 나에게는 그때가 청춘이었다. 꽃봉오리였다.

청춘을 향해 피어나는 꽃

초등학교를 졸업하고 중학교 교복이 입고 싶었지만, 나의 청춘은 그런 호사와는 거리가 멀었다. 농사일을 배우고 4㎞가 넘는 보금산으로 지게 지고 나무하러 가는 일과가 기다리고 있었다. 그래야만 하루 먹을

수 있는 자격이 주어졌다. 쌀밥은 고사하고 한 끼를 거르지 않고 때운다는 것이 우리 시대의 호사였다. 지금은 보릿고개의 전설이 사라져 가고 있지만, 그 당시만 해도 심심치 않게 이웃 마을을 떠돌던 거지가 우리 마을 곳집에 자리를 잡고 동냥하러 다녔다.

구걸하는 거지인들 그냥 보내지 않는 것이 당시 인심이라 아침에 찾아온 거지에게 밥상까지 차려서 먹이는 어머니가 의아한 적도 있었다. 마을에 떠도는 소문 중에 간밤에 누구네가 굶어 죽었다는 흉흉한 소문이 나의 등을 오싹하게 만든 터라 거지에게 나의 밥을 빼앗겼다고 생각한 당시의 굶주림은 죽음과도 같은 공포였다.

그때 꿈이라는 것이 하얀 쌀밥 한 그릇 배불리 먹어보면 좋겠다는 단순한 것이었다. 지금 이 시대에는 관심조차 없는 꿈일 수도 있다. 지금은 그것도 꿈이냐며 코웃음을 칠 것이다. 세계 최고와 세계 제일을 향하여 달려가는 한국인의 꿈은 이제 그 차원을 달리한다. 그러나 그 꿈을 꾸고 이루기까지는 기필코 해내겠다는 피눈물 나는 선조들의 노력이 있었음을 모르는 체해서는 안 된다.

우리의 후손에게 가난과 절망을 물려줄 수 없다는 필사적 각오와 처절한 몸부림이 그 토대를 만들었다. 안일함과 두려움을 물리치는 용기가, 끊임없이 떠오르는 영감을 실현해 증명하겠다는 기개가, 위대한 대한민국을 만들어가는 주춧돌이었다. 청춘처럼 위대함을 향한 호기심과 동경심 그리고 해내야 한다는 간절함이 오늘의 대한민국의 모습이다.

청춘인 자여, 청춘이 아닌 자여. 비탄에 잠기지 마라, 냉소하지 마라, 영감을 잃지 마라. 희망의 끈을 놓아서는 안 된다. 우리는 오늘도 청춘으로 살아야 한다. 당신의 빛나는 도전이 있었기에 오늘의 번영이 있다. 그리고 비록 오늘 실패하였다 해도 그 실패가 성공의 발판이 된다는 사실은 아무도 부인할 수 없다.

이젠 겨울이라고, 된서리를 맞았다고 몸서리치던 혹한을 보내고 나면 깊고 고운 향기를 발산하는 꽃들이 핀다. 죽은 듯이 마른 듯이 앙상한 고목에 잎이 돋고 삼천리강산에는 새봄이 온다, 만물이 깨어난다. 삶에 지친 영혼들이 나무의 소생을 보면서 희망을 품는다. 새로 시작할 수 있는 믿음을 준다. 나무는 말없이 실천하는 스승이다.

희망이 있는 한 당신은 청춘이다. 나이는 숫자에 불과할 뿐이다. 도전하라! 또 도전하라! 도전하고 꿈꾸는 자는 평생 청춘을 누릴 자격이 있다.

남산 위에 저 야자수 철갑을 두른 듯

"지구가 더워졌다. 한반도가 더워진다. 지구온난화 심각하다" 이러한 경고성 이야기들이 뉴스란을 장식한 지는 이미 오래됐다. 국립산림과학원에서조차 우리나라 평균 기온이 지난 100년간 도시지역을 중심으로 1.5도 상승했고 봄이 2주 앞당겨져 여러 가지 생태계 영향이 관찰되고 있다고 밝힌 바 있다. 4월 5일의 식목일을 3월로 앞당겨야 한다는 주장이 제기되는 현실이다.

이 같은 기후변화로 한반도에서 소나무, 잣나무 같은 침엽수 종이 사라질 수 있다고 경고하고 있다. 지금과 같은 속도로 지구온난화가 계속된다면, 2100년에 우리나라 남부지역은 '벵골보리수'와 같은 아열대 나무들로 뒤덮일 것이라고 한다. 한국인이 가장 좋아하는 소나무가 한반도에서 사라질 날이 머지않았다는 우울한 전망이다.

한국인은 소나무 문화 속에 사는 나라다. 태어날 때 솔가지를 꺾어 금줄에 매고 소나무로 지은 집에서 살아간다. 소나무로 난방도 하고 밥을 지어 먹고 살았다. 소나무로 만든 가구를 사용하고 솔 향기를 맡으며 살다가 소나무 관에 담겨 소나무밭에 묻힌다. 한국인은 소나무가 삶의 동반자이다. 그 소나무가 사라진다면, 늘 푸르던 소나무가 사라지는 이유를 알고 있다면 지금 우리는 무엇을 해야 할 것인가. 범국민적, 국가적 소나무 살리기 대책본부라도 구성해야 옳지 않을까?

한국인의 기상을 나타내고 있는 "남산 위에 저 소나무 철갑을 두른 듯 바람서리 불변함은 우리 기상일세"가 애국가 속의 전설로 남을 것이라는 이야기는 섬뜩함마저 든다. 계속 온난화가 진행되어 "남산 위에 저 야자수 철갑을 두른 듯" 표현이 등장할지도 모른다는 호들갑도 떨고 있다.

이러한 우려는 소나무류에 치명적인 솔잎혹파리와 재선충병이 창궐하면서 소나무가 사라질지도 모른다는 위기감이 극으로 치닫고 있는 느낌이다. "재선충병은 소나무의 에이즈라 불리는 불치의 병이다. 치료가 어려운 불치의 병으로 소나무가 사라진다" 하는 염려다. 필자는 소나무가 사라진다는 주장이 사실이 아니기를 바란다. 소나무가 이 위험한 재난을 잘 버티고 적응하리라고 믿는다. 이러한 환경이 소나무에게 위협이자 위험에 적응할 수 있는 기회를 주지 않을까 생각한다. 기후변동의 폭도 한 요인이다. 분명 더워진 것 같으면서도 4월 초면 만발하던 꽃들이 4월 중순으로 개화 시기를 옮긴 것이다. 꽃 피는 시기를 예측한 축제장은 피어나지 않는 꽃에 당혹감을 나타내고 기상관측소는 머쓱해지기도 했다.

무엇보다도 척박한 환경에 강인한 적응력을 나타내는 소나무의 유전자는 남다른 특징을 가지고 있다. 자신은 움직이지 못하지만, 씨앗은 날개를 달고 바람을 타고 멀리 아주 멀리 날아간다. 많은 독자가 보셨으

리라. 송홧가루 날리는 날, 온 천지가 송홧가루인 양 하늘을 뒤덮는 것을. 생존을 향한 소나무의 도전 현장이다. 이러한 송홧가루는 제트기류를 타고 태평양을 넘어 알래스카까지 날아갈 수 있다고 한다. 이곳에 정착한 소나무는 또 다른 둥지를 틀 것이다. 그곳에도 한국인의 기상을 닮은 뿌리를 내리고 힘차게 자라나지 않을까? 소나무는 절대로 이 땅에서 사라지지 않을 것이다.

속리산 가는 길 정이품송

✧

나무 잘 심는 비결

삼천리강산에 새봄이 왔다. 봄은 나무 심는 계절이기도 하다. 꿈과 희망을 간직한 나무를 심는다. 그 심는 자의 마음속에는 한 그루의 나무를 심으면서 자신이 심은 나무가 무럭무럭 잘 자라주기를 바라는 염원이 가득하다. 그러나 누가 심은 나무는 잘 자라는 데 비하여 누가 심은 나무는 잘 자라지 않는다. 식목에 특별한 비법이 있는 것인가? 그 물음의 답은 비법에 있다.

당나라 유종원(柳宗元, 773년-819년)이라는 문인이 종수 곽탁타전을 통하여 나무 심는 비법을 전수한다. 천 년이 훨씬 지난 이야기가 현재에도 유효하다. 그 내용을 요약하면 다음과 같다.

곽탁타, 그의 직업은 정원사다. 장안의 세도가와 부자, 정원을 가꾸며 관상하는 자와 과일나무를 기르는 자들이 다투어 그를 데려다 나무를 키우고 돌보게 하려고 줄을 섰다. 탁타가 심은 나무는 옮겨 심는 일이 있어도 죽지 않았다. 무성히 잘 자라고 열매가 많이 열렸다.

장안의 세도가가 그 비법을 묻는다. 탁타가 대답하기를, "제가 나무를 오래 살게 하고 잘 자라게 할 수는 없습니다. 다만 저는 나무의 천성을 잘 따르고 그 본성이 잘 발휘되도록 할 뿐입니다" 다른 정원사들이 탁타의 기술을 몰래 엿보고 모방해도 탁타와 같을 수는 없었다.

탁타는 말한다.

"무릇 나무의 본성은 그 뿌리는 뻗어 나가기를 바라고, 그 북돋움은 고르기를 바라며, 그 흙은 본래의 것이기를 바라고, 흙을 다짐에는 빈틈이 없기를 바랍니다. 그렇게 하고 난 뒤에는 건드리지도 말고 걱정하지도 말고, 버려두고 다시는 돌아보지 말아야 합니다.

처음에 심을 때는 자식을 돌보듯 해야 하지만 심고 난 후에는 내버리듯이 해야 합니다. 그렇게 하면 그 천성이 온전해지고, 그 본성을 얻게 됩니다. 그래서 나무의 성장을 방해하지 않는 것일 뿐이지, 제가 나무를 크고 무성하게 할 수 있는 것은 아닙니다.

나무가 열매를 맺는 것을 막지 않을 뿐이지, 열매가 일찍 많이 열리게 할 수 있는 것은 아닙니다. 다른 사람들은 그렇게 하지 않으니, 뿌리를 구부리고 흙은 다른 것으로 바꾸며, 그것을 북돋움에는 지나치지 않으면 모자랍니다. 진실로 이와 반대로 할 수 있는 자도 있으니, 나무에 대한 사랑이 지나치게 크고, 걱정이 지나치게 많습니다. 아침에 보고 저녁에 만지며 이미 떠났다가도 다시 와서 돌보지요.

심한 자는 나무의 껍질을 긁어서 생사를 확인해 보고, 그 뿌리를 흔들어서 심어진 상태까지 점검하니 나무는 그 본성으로부터 점점 멀어지게 되는 것입니다. 나무를 사랑한다고 하지만 사실은 해치는 것입니다.

비록 생육을 걱정한다고 하지만 사실은 나무와 원수가 되는 것입니다. 그래서 나와 같을 수가 없는 것입니다. 내가 그 밖에 또 무엇을 할 수 있겠습니까?"

세도가가 말한다. "그대의 방법으로 관청의 일을 다루는 것에 옮겨보면 괜찮겠소?" 하니 탁타가 말했다. "나는 나무 심는 것을 알 뿐이지, 백성을 다스리는 것은 나의 본업이 아닙니다. 그런데 내가 사는 고을의 관청 어른을 보니 명령을 번거롭게 하기를 좋아하더군요. 백성을 매우 사랑하는 것 같지만 끝내는 그들에게 화를 입히고 있습니다"

잣나무 어린 묘목
첫 하늘을 보는 모습으로 머리에 모자를 쓰고 있다

묻는 자가 기뻐하며 말하기를, "매우 훌륭하지 않은가? 나는 나무 키우는 것을 물었다가 사람 돌보는 방법까지 터득하였으니, 그 일을 전하여 관의 경계로 삼도록 하겠네"라고 하였다.

나무를 심는 일이나, 사람을 양육하는 것이나, 백성을 다스리는 방법이 다르지 않다. 이미 오랜 시간을 통하여 식수의 비결은 축적된 것이다. 본성을 파악하고 그 본성을 편하게 하는 것, 새봄에는 고전 속의 지혜를 실천해 볼 일이다.

2장

복을 부르는 나무 능력을 주는 나무

✧

벼슬의 꿈을 이루어주는 감나무

감나무는 아름답고 풍성한 가을의 상징처럼 보인다. 넓은 잎이 붉은색으로 물들고 파란 하늘을 배경으로 주렁주렁 달린 감 사이로 하얀 구름이 지나간다. 감을 달고 있는 나무 자체가 한 폭의 명화처럼 아름답다.

감나무가 100년이 되면 1,000개의 감이 달린다고 했다. 수없이 많은 감을 달고 있는 감나무 고목을 보고 자손의 번창을 기원하는 기자목(祈子木)으로 생각한 것도 바로 이런 까닭이다. 옛날 선비들은 넓은 감나무 잎에 사랑의 고백을 써서 연인에게 전하면 상대의 마음을 움직일 수 있다고 믿었다고 한다. 가을의 운치가 담긴 멋진 사랑의 편지를 감잎에 썼다. 한 장의 낙엽에 지나지 않지만, 옛 선비들의 풍류가 느껴진다.

우리의 조상님들은 나무를 대하고 생각하는 관찰력도 놀라웠다. 전하여 오는 감나무 예찬을 살펴보자. 세심하게 살펴보지 않으면 발견하기 어려운 내용들이다. 감나무는 수명이 길다. 좋은 그늘을 준다. 새가 집을 짓지 않는다. 벌레가 꾀지 않는다. 단풍이 아름답다. 열매가 맛있다. 잎에 글을 쓸 수 있다. 이렇게 칠절(七絕)을 두루 갖춘 나무가 감나무라는 것이다.

필자는 이 이야기를 듣고 감나무를 살펴본 적이 있다. 감나무에도 벌레가 있으며 새가 집도 짓는다. 그러나 유독 감나무를 사랑한 선비들은 겉과 속이 한결같은 감을 좋아했다고 한다. 좋으면 모든 것이 좋아 보인다고 했던가? 조상님들의 혜안과 감나무를 닮고자 하는 감나무 사랑이 돋보인다.

그런가 하면 감나무의 다섯 가지 덕(德)을 꼽는 분들도 있다. 잎이 넓어 글씨 공부를 할 수 있는 문(文)이 있고, 목재가 단단해서 화살촉을 만드니 무(武)가 있다, 겉과 속이 한결같으니 충(忠)이요, 치아가 없는 노인도 즐겨 먹을 수 있는 과일이니 효(孝)다. 서리를 이기고 오래도록 매달려 있는 나무이니 절(節)이라 했다. 이렇게 사람들도 지니기 어려운

오덕을 지닌 감나무

문, 무, 충, 효, 절 5덕을 지녔다고 하니 참으로 감나무는 버릴 것이 없는 나무다. 아니, 본받아야 할 덕목이 가득한 나무다. 이런 과일을 우리네 조상님들이 그냥 두실 리가 없다. 선비의 사랑을 독차지한 감은 사람이 행하는 가장 엄숙하고 경건한 제례에도 빼놓을 수 없는 과일이 되었다.

감은 씨가 8개로, 팔도의 관찰사(현재의 도지사)가 되기를 염원하는 마음에서 특별한 사랑을 받았다는 출세 지향적 이야기도 전하여 온다. 이렇듯 인간의 염원이 담겨 있는 감나무지만 식물은 예외라는 게 있다. 감은 그 해 그 해 기후에 따라 씨의 개수가 다르게 나타난다. 일정하게 씨가 생성되지 않는 것이다. 씨가 전혀 보이지 않는 감도 있으니 8개를 고집하지는 말자. 감나무의 덕성을 닮는다면 도지사가 아니라 그 이상의 벼슬도 가능할 터이다.

감

감나무는 감 씨를 심으면 종전의 감을 딸 수 없다. 보통 고욤나무에 접을 붙여 원하는 감을 생산한다. 사람도 태어나 공부하는 과정을 거치지 않으면 큰 인물이 되기 어렵다. 감이 접을 붙여 원하는 열매를 생산하는 것처럼 사람도 역경과 고통을 감내하고 인고의 노력을 통하여 사람다운 사람이 됨을 나타내는 상징성을 감나무가 가지고 있다.

열매만이 보배가 아니다. 감나무는 아무리 커도 열매가 열리지 않는 나무가 있는데, 이것을 꺾어보면 속에 검은 신이 없다고 한다. 그러나 감이 열리는 나무를 꺾어보면 속에 검은 신이 있다고 한다. 이 검은 속은 고통을 감내한 흔적이라고 한다. 부모 역시 자식을 낳고 애지중지 키우며 가슴속이 검게 상했다. 온갖 고통을 감내한 부모의 은공을 생각하여 제상 위에 감을 놓는다는 이야기도 전하여 온다.

이래저래 감나무는 사람들에게 말없이 교훈을 주는 나무다. 그러나 세상에는 감나무보다도 못한 인간들이 있다고 하니 그것이 문제다.

내 몸을 지켜주는 보약의 나무

대한독립 만세를 외치던 선현들의 목청이 귓가에 생생히 들리는 듯, 3월은 시작부터 가슴이 뭉클하다. 온 누리에 희망을 노래하는 봄! 얼음장 밑으로 봄이 찾아오고 있음을 실감하는 삼월은 약동하는 봄의 신호탄 같다.

혹독한 추위를 이겨낸 나무들은 서둘러 새봄을 준비한다. 고로쇠나무는 맑은 수액을 빨아올리기에 바쁘고, 버들강아지는 부풀어 오른다. 그 누구보다도 부지런히 꽃 피울 준비를 하는 산수유, 잎을 내보내기 전에 꽃을 먼저 피워낸다. 산수유나무는 세상의 나무들이 새순을 내밀기 전에 꽃을 피워 새봄이 왔음을 온 누리에 알린다. 이번엔 봄의 전령 산수유나무에 관하여 이야기를 나누어 보자.

산수유나무는 우리나라 전역에 골고루 흩어져 살고 있으며 보약의 대명사로 자리 잡은 나무이기도 하다. 한동안 어눌한 표현의 광고 문구가 세상을 흔들기도 했다 "남자한테 정말 좋은데 무어라 표현할 길이 없네!"라는 광고에서 산수유가 남자에게 정말 좋은 것임을 암시하고 있다.

정부에서 건강식품에 대하여 과장광고를 대폭 규제하자 절묘한 방법으로 자사의 산수유 제품을 사장이 직접 TV에 나와 우회적으로 표현한 것이다.

만개한 산수유꽃

산수유는 예로부터 남자들이 즐겨 찾는 정력 강장제임은 사실인 듯하다. 〈동의보감〉에 실린 효능을 보면 "음(陰)을 왕성하게 하고 신정과 신기를 보하며 성 기능을 높인다. 음경을 단단하고 크게 한다. 또한 정수를 보해주고 허리와 무릎을 덥혀주어 신을 돕는다. 오줌이 잦은 것, 늙은이가 때 없이 소변을 보는 것, 두통과 코가 메는 것, 귀먹는 것을 낫게 한다"라고 밝히고 있다. 산수유의 효능이 이러할진대 이 나무가 오랜 세월 많은 사람의 사랑을 받지 않을 리가 없다.

산수유나무는 인가 주변 또는 논밭 두렁 가까이서 자란다. 산수유가 중국에서 건너왔다고도 하지만 한국에 정착한 지는 오래된 나무다. 우리나라 여주, 이천, 양평에서 자생했다는 주장도 있다. 산수유의 고향이 우리나라 중부지방이라는 이야기다. 많은 산수유 중 최고급으로 대접받던 생산지가 여주, 이천, 양평으로 그 자취는 지금도 남아 봄을 맞이하는 유명 축제로 자리를 잡아 가고 있다.

산수유는 일찍이 〈삼국사기〉에도 등장하는 나무다. 신라 경문왕 때 대나무를 베어버리고 산수유를 심었다는 기록이 있다. 경문왕이 왜 대나무를 베고 산수유나무를 심도록 했을까? 경문왕과 산수유에 관한 이야기는 전설처럼 전해오는 이야기 한 토막이 있다. 그러나 이 이야기는 공교롭게도 동양과 서양이 비슷한 전설을 가지고 있는 것이 신기하다. 지금처럼 지구가 일일생활권인 시대에는 별 이야깃거리가 아니지만, 동서양이 어디 있는지조차 모르고 살아가던 삼국시대에 유사한 전설이 지구의 반대편에서 동시에 전해오는 것은 매우 흥미로운 일이 아닐 수 없다.

경문왕과 관련하여 전하여 오는 이야기는 그 유명한 "임금님 귀는 당나귀 귀"이다. 〈삼국유사〉에 '당나귀 귀를 가진 임금' 이야기가 기록되어 전해오는데 그 줄거리는 다음과 같다.

'임금님 귀는 당나귀 귀'는 여이설화(驢耳說話)라 불리는 신라 제48대 경문왕에 대한 설화다. 경문왕은 임금 자리에 오른 뒤에 갑자기 그

산수유꽃

의 귀가 길어져서 당나귀의 귀처럼 되었다. 아무도 그 사실을 몰랐으나 오직 왕의 머리에 쓰던 모자를 만들고 고치는 일을 하던 복두쟁이는 경문왕의 특이한 귀의 모습을 알고 있었다. 대왕의 지엄한 명령이 있어 그는 평생 그 사실을 감히 발설하지 못했다.

그러나 세상에 비밀이 존재하던가? 누군가의 말 못 할 비밀을 안다는 것은 괴로운 일이다. 더구나 목숨이 달린 비밀을 혼자만 알고 있다는 것은 형벌에 가깝다. 비밀을 간직한 복두쟁이 역시 죽기 직전에 자신의 답답한 가슴을 시원히 풀고 죽는 것이 소원이었다. 그러던 어느 날 복두쟁이는 자기 생이 얼마 남지 않았음을 알고 인적이 드문 숲속의 절 도림사(道林寺)를 찾아 울울창창한 대밭으로 들어갔다. 아무도 보는 이 없는 대나무 숲속에서 복두쟁이는 시원하게 비밀을 털어놓았다. "우리 임금님 귀는 당나귀 귀다!"

그러나 이를 어찌하랴! 그 뒤부터는 바람이 불면 대나무밭으로부터 "우리 임금님 귀는 당나귀 귀다!"라는 소리가 울려 퍼졌다. 온 나라 안에 소문이 퍼지고 마침내 경문왕의 귀에도 이 사실이 알려지게 되었다. 경문왕은 이러한 사실을 알고 불충한 대나무를 모두 베어버리고 그 자리에 산수유나무를 심게 하였다.

이제 다시는 "임금님 귀는 당나귀 귀다"라는 소리가 들리지 않을 줄 알았으나 이번에는 "임금님 귀는 길다!" 하는 소리가 들렸다고 한다. 그리고 귓불처럼 늘어진 길쭉한 산수유 열매가 무성히도 열렸다는 전설이 전해오고 있다.

물론 전설은 어디까지나 전설이다. 경문왕이 통치하던 사회상을 알아야 이러한 이야기의 진실을 이해할 수 있다. 전하는 이야기는 강자 편의 기록이 대다수를 차지하기 때문에 경문왕의 치적을 헐뜯거나 민심을 달래는 방편의 이야기가 전해 올 수도 있다. 다만 경문왕이 통치하던 시대에 가뭄과 기근으로 많은 백성이 고통을 받고 질병에 시달려 약효가 탁월한 산수유를 심었고 산수유의 효능을 백성들이 고루 누렸다는 해석도 등장한다.

잠시 나라 밖으로 눈을 돌려보자. 그리스신화에서 전해오는 미다스 왕에 얽힌 "임금님 귀는 당나귀 귀"의 이야기는 복두쟁이가 아닌 이발사가 등장한다. 왕의 머리를 다듬는 이발사는 왕의 귀가 나귀의 귀처럼 특이함을 알고 놀란다. 이 이발사 역시 지엄한 왕의 엄명에 비밀을 간직한 채 살아간다.

이른 봄 피어나 꿀벌과의 사랑을 나누는 산수유 꽃

미다스 왕이 누구인가? 그리스신화에 등장하는 바쿠스 신의 축복으로 그가 만지는 모든 것이 황금으로 변하는 신통력을 부여받은 왕이 바로 미다스 왕이다. 그가 손만 대면 모든 것이 황금으로 변하는 신통력, 이 얼마나 놀랄 만한 능력인가? 현재에도 이러한 능력을 꿈꾸며 살아가는 수많은 제2의 미다스 왕이 넘쳐난다. 미다스 왕은 어떻게 황금으로 변하는 능력을 갖추게 되었는지, 그는 정말 행복한 삶을 살았는지 살펴보자.

바쿠스는 그의 스승이며 양부인 실레노스가 행방불명이 된 것을 발견했다. 실레노스가 술에 취해 방황하고 있는 것을 농부들이 발견하고 미다스 왕에게 데리고 갔다. 미다스는 이 노인이 실레노스임을 알자 따뜻이 맞아들여 열흘에 걸쳐 밤낮을 가리지 않고 계속 주연을 베풀어 노인을 대접했다.

열하루 만에 미다스는 실레노스를 호위하여 바쿠스의 신도들에게 보냈다. 바쿠스는 미다스의 환대에 대한 답례로서 무엇이든 좋으니 미다스가 원하는 소원을 들어주겠다고 했다. 미다스는 "그렇다면 무엇이든 제가 만지는 것은 황금으로 변하게 하여 주셨으면 얼마나 좋겠습니까?" 하고 자신의 소원을 말하였다. 바쿠스는 미다스가 더 좋은 선택을 하지 않은 것을 유감으로 생각하면서도 미다스의 요청을 승낙하였다.

미다스는 이 새로운 신통력을 얻은 것을 크게 기뻐하며 자기 나라로 돌아갔다. 바쿠스 신의 말이 사실인지 바로 그 힘을 시험해 보았다. 떡갈나무 가지를 꺾자 그것이 황금 가지로 변하고 돌을 주워 들자 그것도 황금으로 변했다. 잔디를 만지자 그것도 마찬가지였다. 흙을 만지자 흙도 모두 황금으로 변했다. 사과나무에서 사과를 따자 그것은 마치 헤스페리데스의 화원에서 훔쳐 온 것이 아닌가 하고 의심이 될 정도의 황금사과로 변하였다. 기적은 여기서 끝나지 않았다.

미다스는 너무나 기뻐한 나머지 왕궁으로 돌아오면서 기둥을 만지자 기둥은 모두 황금으로 변했다. 그는 모든 것을 금으로 만들어버리는 순간을 꿈꾸면서 턱도 없이 좋아했다. 미다스 왕이 황홀한 꿈에 잠겨 있는 동안 시종들이 음식상을 준비했다. 몹시 시장했던 미다스 왕이 빵을 만지자 빵은 곧 그의 손안에서 단단한 황금으로 변하였다. 또 다른 음식들도 입으로 가져가면 곧 굳어져서 이가 들어가지 않았다. 그는 포도주를 마셨다. 그러나 그것 역시, 마치 녹은 황금처럼 목구멍을 내려가기도 전에 굳어 버렸다.

엄청난 부자가 된 미다스는 슬그머니 겁이 났다. 미다스는 몹시 놀라 조금 전까지 그토록 황금을 만드는 능력을 원했던 그 신통한 힘을 저주하기 시작했다. 그러나 아무리 저주해도, 무엇을 하려 해도 허사였다. 손대는 모든 것은 황금으로 변하고 물조차 먹고 마실 수 없는 그는 공포에 온몸을 떨었다. 황금에 휩싸여 굶어 죽을 날만이 그를 기다리고 있는 것 같았다. 이제는 황금 소리만 들어도 지긋지긋해졌다.

미다스는 금으로 빛나는 양팔을 들고 이 황금의 멸망으로부터 구원해 주십사 하고 바쿠스 신에게 애원하였다. "이 어리석은 저를 용서하소서! 큰 죄를 지었나이다. 기도하옵건대 저를 불쌍히 여기시고 이 재앙에서 저를 구하소서!" 자비로운 바쿠스는 미다스의 소원을 듣고 이렇게 말했다. "황금에 눈이 어두웠던 너의 그 어리석은 욕망을 씻으려거든

사르디스에서 가까운 강으로 가거라. 그 물이 발원하는 곳에 이르거든 네 머리와 몸을 담그고 네 죄를 정하게 씻어라" 미다스는 바쿠스가 일러준 대로 하였다. 그가 강물에 손을 담그자 황금으로 창조하는 힘은 강물로 옮겨가 물빛을 바꾸어 놓았다. 그때 모래가 황금으로 변했는데, 그 황금 모래는 아득한 옛일이지만 오늘날에도 이 일대에는 모래 속에서 황금이 많이 난다고 한다.

그 후로 미다스는 부와 영화를 싫어했고 산이나 숲에서 살면서 들의 신인 판(반인반양(半人半羊)의 신)의 숭배자가 되었다. 어느 날 판은 우연한 일로 대담하게도 아폴론과 음악 시합을 하였다. 아폴론은 판의

지천으로 핀 산수유, 이천시 백사면 도립리

도전에 응하고 산신인 트몰로스가 심판자로 선정되었다. 트몰로스는 심판석에 앉자 잘 듣기 위해서 귀에 무성히 자라 있는 수목을 제거했다.

신호가 나자 먼저 판이 피리를 불었다. 그러자 그 꾸밈없는 멜로디는 그 자신과 마침 그곳에 앉아 있던 그의 충실한 신자 미다스에게 그렇게 아름답게 들릴 수가 없었다. 다음은 아폴론의 차례였다. 악신(樂神)답게 아폴론이 한 곡 연주하자 황홀해진 트몰로스가 눈을 지그시 감고 있다가 판의 피리 소리보다는 아폴로 신의 수금 소리가 낫다고 판정했다. 그 자리에 있던 청중들은 모두 이 판정에 만족했다. 그러나 미다스는 이의를 제기하고 심판의 판정에 항변했다.

아폴론은 이런 미다스의 귀를 인간의 귀의 형태로 두어서는 안 되겠다고 생각하고 그 귀를 크게 늘어뜨려 당나귀 귀처럼 만들었다. 미다스 왕은 이 재난으로 말미암아 그만 체면이 말이 아니었다. 귀가 이 모양이 되자 미다스 왕은 이를 감추려고 전전긍긍한다. 그것을 숨기기 위해 모자를 눌러쓰고 숨겨왔지만, 머리를 다듬는 이발사를 속일 수는 없었다.

이발사는 미다스 왕의 비밀을 알게 되었지만, 이 사실을 입 밖에 내어서는 안 된다는 엄명을 받는다. 그러나 이발사는 이 비밀을 말하고 싶어 견딜 수가 없었다. 도저히 참을 수 없던 그는 갈대밭으로 들어가 구덩이를 파고, 그곳에 대고 "미다스 왕의 귀는 당나귀 귀!"라고 소리친 뒤 흙으로 덮었다. 그 후 그곳에서 갈대가 자라나, 바람에 나부낄 때마다 "미다스 왕의 귀는 당나귀 귀"라는 소리가 들렸다고 한다. 이후 오늘날까지도 바람이 그 위를 지나가면 "미다스 왕의 귀는 당나귀 귀"라는 소리가 들린다고 한다.

신라와 그리스는 서로 그 시대에 교류하며 지냈을까? 그러나 '임금님 귀는 당나귀 귀'는 동서양이 동시에 전해오는 이야기다. 다만 산수유를 심었다는 이야기는 빠져 있다.

산수유는 많은 사람의 사랑을 독차지하며 우리 고장이 원조라는 원조 논쟁도 벌이고 있는 나무다. 전남의 지리산 자락인 구례 산동마을에 산수유 시조목이 보호받고 있으며 남원에도 고목의 산수유가 위용을 자랑하고 있다.

그러나 산수유의 품질과 약효가 뛰어나기는 여주 이천의 생산품이 인기를 독차지했는데 사연은 이렇다. 산수유 열매는 열매를 채취하여 씨앗은 빼고 과육만 말려서 약재로 사용하는데 이 과육을 발라내야 하는 과정을 거쳐야 한다. 이때 가장 최상품으로 취급한 것은 아직 시집가지 않은 여자아이가 입으로 하나하나 발라내어 건조시킨 산수유였다는 말이 있다. 이렇게 동녀의 음의 정기가 서린 산수유는 그 약효가 뛰어나다고 전하여 온다. 이 산수유를 많이 발라낸 아가씨는 입이 튀어나왔다 하여 여주 이천의 아가씨는 입이 튀어나왔다는 옛이야기도 전하여 온다.

산수유나무 열매

✧

나무 한 그루 팔면 벤츠 한 대 산다

"나무 한 그루 베어서 팔면 자동차 한 대를 살 수 있는 나라가 있습니다. 이 나라에서는 참나무 한 그루를 베어서 팔면 벤츠 자동차를 한 대 살 수 있는 돈이 나옵니다. 여러분도 희망을 품고 나무를 심고 가꾸시기를 바랍니다!" 독일의 임업을 설명하는 강사의 일성이다.

설마 나무 한 그루가 비싸면 얼마나 비싸다고 그걸 팔아 벤츠 자동차를 산다는 말인가? 그야말로 허풍 아닐까? 해외 임업 사례를 강의하는 강사는 청중들의 믿기지 않는다는 표정을 감지하고는 목청을 높였다. "잘 안 믿어지시죠? 하지만 사실입니다!"

독일에서는 나무 한 그루를 100년 200년 가꾸어 벌채한다는 사실도, 당시의 우리나라 임업 실정으로는 꿈만 같았거니와 민둥산에 녹화가 시급한 한국 상황으로는 상상조차 할 수 없는 이야기였다. 그깟 나무 한 그루가 얼마나 대단하기에 자동차 한 대 값이나 된다니! 믿기 어려웠다.

금강송으로 유명한 대관령의 소나무 숲,
한 그루 값이 거액이다

이 이야기는 80년대 초의 이야기다. 그러나 30여 년이 지난 지금 한국에서도 나무 한 그루가 자동차 한 대를 살 수 있는 가치를 지니기 시작했다. 아파트 현장이나 조경수를 다루는 현장에서는 이미 희귀목, 특수목이라는 이름으로 수천에서 수억을 호가하는 나무가 거래된 지 오래되었고, 바야흐로 벌채하여 목재로 쓰이는 나무의 값이 천만 원대를 돌파하는 시대가 된 것이다. 나무 한 그루 베어내어 자동차 한 대를 살 수 있는 시대가 성큼 다가왔다.

극명한 사례이기는 하지만 한국산 소나무가 귀중하게 쓰이는 현장은 곳곳에 있다. 사찰의 건축, 문화재 보수, 부호의 목조주택 등 특별한 목적으로 사용하는 대경제는 공급보다 수요가 많아 부르는 게 값이다.

큰 소나무가 유명세를 치르기 시작한 것은 몇 년 전 숭례문이 소실되는 가슴 아픈 사건이 발생하면서부터다. 이때부터 큰 소나무가 세인의 비상한 관심을 끌기 시작했다. 대한민국 국보 1호이자 우리 국민의 자존심이기도 한 숭례문, 역사성과 예술성, 후대에 주는 교훈적 가치를 지닌 대한의 문화유산이 아닐 수 없다. 우리 민족의 국보 1호를 복원하는 데는 당연히 한국에서 자란 우리의 소나무가 필요했다.

그러나 원한다고 해서 숭례문 복원에 필요한 나무가 준비되는 것은 아니었다. 국보 1호 복원이라는 어명으로 전국의 산하를 뒤져 찾아낸 110살의 소나무. 그 소나무가 바로 금강송이다.

소나무에 얽힌 수많은 이야기가 있지만, 이 장에서는 그 가격에 대해서만 알아보자. 보통 소나무를 벌채하여 입목으로 환산한 가격은 1㎥당 20만 원가량이다. 직경 1m에 길이 20m의 나무 한 그루는 계산상 400만 원인 셈이다. 그러나 이러한 계산은 그냥 계산해본 것일 뿐, 이 정도 크기의 금강송이라면 부르는 게 값이다. 그 숫자도 몇 안 되지만 희소가치로 인하여 수천만 원에 거래되는 것이 현실이다.

이러한 희소성 때문에 대한민국 국보 1호 숭례문을 복원하는 데 필요한 거목을 구하기까지 갖은 우여곡절을 겪어야 했다는 후문이다. 필요로 하는 사람은 많고, 확보해야 할 나무는 귀하니 돈을 주어도 선뜻 나무를 팔려고 하지 않기 때문이다.

국보 1호 복원이라는 대의명분에 예(禮)를 다하고 확보는 했지만, 앞으로 나무에 대한 가치는 더욱 소중해질 수밖에 없다. 금강송에 대한 새로운 가치가 인식되면서 금강송이 잘 자라고 있는 강원도와 경상도 일대의 백두대간이 주목받고 있다. 이곳에는 한 그루에 승용차 1대 값과 맞먹는 금강송이 곳곳에 무럭무럭 자라고 있다.

이제 21세기는 환경의 세기다. 그 중심에 나무가 있고, 나무는 녹색의 황금이 될 것이다. 고로 나무는 21세기의 아름다운 보석이다. 보석의 씨앗, 나무를 심자!

바람기를 잠재운 나무

유월의 밤을 화려하게 장식하는 나무가 있다. 꽃이 귀한 여름 흡사 여인네의 화장 솔 같기도 하고 고운 색실로 한 땀 한 땀 수놓은 듯한 꽃이 고혹적인 자귀나무다. 꽃이 나무가 부리는 멋이라고 한다면 자귀나무는 매우 독특한 모양의 꽃을 피우는 멋쟁이 나무다. 화려한 색실로 치장한 이국적 정취를 지닌 자귀나무는 한눈팔던 사랑도 지켜준다는 오래된 믿음을 가지고 있다.

자귀나무는 지방마다 부르는 이름이 다양하다. 향명(鄕名)이 많은 자귀는 짜구나무, 자구나무, 합환목(기쁨으로 만나는 나무), 합혼수(혼인으로 만나는 나무), 유정수(정이 많은 나무), 야합수(밤에 만나는 나무) 등으로 이름은 달리 부르지만, 뜻은 모두 유사하다. 하나같이 남녀 간의 만남과 사랑의 즐거움을 상징하는 의미가 있다.

또 다른 의미로는 나무를 깎아내는 도구인 자귀의 자루를 만드는 나무라 해서 자귀나무란 이름이 생겼다고도 한다. 소가 즐겨 먹는다 해서 소쌀나무, 소밥나무라고 부르는 곳도 있다. 자귀나무는 좌귀(佐歸, 도울 좌 佐, 돌아올 귀 歸)에서 자귀나무로 불리게 되었는데 이는 잎이 밤이 되면 서로 돌아와 마주 보며 잠을 잔다는 데서 붙여진 이름이라고 알려져 있다.

자귀나무가 밤이 되면 정말 잎들이 마주 보고 잠을 자는지 궁금한 필자는 해가 진 밤중에 가로등 아래 자리 잡은 자귀나무를 찾았다. 과연 자귀나무는 금실 좋은 부부가 서로 마주 보고 잠을 자듯 잎들이 모여 잠을 자고 있었다. 꽃들도 해 질 무렵이 가장 화사하게 피어나는 특징을 가지고 있는 자귀나무는 움직이는 동물처럼 잎을 모으고 잠을 자고 아침이면 일어나 기지개를 켜듯 잎을 쫙 펴고 햇볕을 듬뿍 받는다. 스스로 움직이는 신통한 능력이 있다.

지혜로운 조상님들이 이러한 모습을 예사롭게 보아 넘기지는 않았다. 자귀나무꽃을 '합환화'라고도 부른다. 자귀나무는 꽃이나 잎을 차로 달여 마시기도 하는데 이 차를 부부가 함께 마시면 부부 사이의 금실이 좋아져 절대 이혼하지 않는다고 하여 이 나무를 애정목(愛情木)이라고도 칭하기도 한다. 이를 뒷받침하듯 중국에서는 다음과 같은 이야기가 전해져 온다.

'두고'라는 순박한 사람이 부인과 함께 살았다. 어느 날 두고는 장터 주막에 들렸다가 그만 아리따운 기생의 유혹에 빠져 부인은 안중에도 없었다. 현명한 두고의 부인은 때를 기다려 자귀나무의 꽃을 따서 정성스럽게 말린 후, 그 꽃잎을 서방님의 베개 속에 넣어 두었다. 그러다 남편이 돌아온 날 말린 꽃잎을 꺼내 술에 타서 합환주(合歡酒)를 마시게 했다. 그 술을 마신 남편은 기생집에 발을 딱 끊고 곧 전과 같이 아내만을 사랑했다고 한다. 자귀나무가 이렇듯 부부의 금실과 깊은 관계를 맺는 것은 무엇 때문일까? 그 비밀은 바로 자귀나무의 잎이 지닌 독특한 특성 때문이라고 한다.

자귀나무의 잎은 아까시나무 잎보다 가늘며 마주 붙어 있는 겹잎이다. 그런데 낮에는 그 잎이 활짝 펴져 있다가 밤이 되면 나비가 날개를 접듯이 반으로 딱 접힌다. 흡사 서로 마주 보며, 잎들이 사이좋게 붙어 다정한 부부가 잠을 자는 모양새다. 신기하게도 아까시나무 잎처럼 맨 끝에 혼자 남는 잎이 없다. 서로서로 짝이 딱 맞는 것이다.

자귀나무 꽃, 색실처럼 보이는 꽃잎이 고혹적이다

자귀나무를 집안에 심는 것만으로도 가정이 화목하고 특히 부부간의 금실이 좋아진다는 속설이 전해 내려오고 있다. 또한 화를 진정시키고 기분을 즐겁게 하고 행복하게 만드는 신통한 효험이 있는 것으로 알려져 있다. 왕실에서도 부부 금실과 행복을 위하여, 자손의 번창을 위하여 궁궐에 이 나무를 심는 것은 필수였다고 하니 꽃도 즐기고 부부의 정을 길이 간직하는 데는 자귀나무만 한 나무도 없다.

대추 한 알에 우주가 들어 있다

2017년 8월 5일 토요일 대한민국은 펄펄 끓는 불가마였다. 여주가 39.4도까지 치솟아 오르며 방송뉴스를 장식한다. 전국이 불가마다. 내륙도, 바다도 펄펄 끓었다. 매스컴에선 '지구온난화가 몰고 온 기상이변이다'라며 내일 당장 지구의 종말이라도 맞이할 것 같은 보도가 이어졌다. 불볕더위에 지친 시민들의 모습이 안쓰러운 날이다.

그러나 이 무자비한 폭염도 아랑곳하지 않고 더위를 즐기는 듯 대추나무의 열매는 그 크기를 쑥쑥 키워냈다. 나무는 어떻게 알았을까? 지금 이 무더운 순간 자신이 질주하지 않으면 겨울을 준비할 수 없다는 사실을. 절묘하게도 타이밍을 맞춰 몸집을 키우고, 색깔을 맞추고, 자신이 갈 길을 간다. 나무는 이미 내일모레가 입추라는 사실을 달력을 보지도 않고 알고

대추를 맺기 위한 준비,
앙증스러운 꽃을 피운다

있다. 대추는 태양과 달과 별과 우주와 교신이라도 하는 걸까? 이내 때를 맞추어 몸이 붉어간다. 그 속에 달콤한 과육과 향기도 채운다.

대추는 남들이 모두 잎을 피운 뒤에야 서서히 잎을 내미는 나무의 귀족이다. 겨우내 세찬 바람에 죽어버린 것은 아닐까 하고 가지를 꺾어보기 일쑤다. 그러나 일단 잎을 내밀면 잠시도 휴식을 취하지 않는다. 별보다 아름다운 꽃을 피우고 피운 꽃은 열매를 맺는다. 대추가 달리면 익을 때까지 부모 곁을 떠나지 않는다. 그리고 그 많은 과일 중에 최고의 예우를 받는다. 인륜대사 축복의 자리에 빠지지 않는 과일이며, 조상님의 음덕을 기리는 상차림에 동쪽 우두머리를 차지한다. 인간이 벌벌 떠는 벼락도 겁내지 않는다. 벼락으로 타버린 몸조차 귀한 대접을 받는 나무가 대추나무다. 이 오묘한 나무를 날카롭게 주시하고 생체 비밀을 누설한 장석주 시인의 시 〈대추 한 알〉을 음미해보자.

—

저게 저절로 붉어질 리는 없다

저 안에 태풍 몇 개

……

저게 저 혼자 둥글어질 리는 없다.

저 안에 무서리 내리는 몇 밤

- 장석주, <대추 한 알> 중 일부

—

붉게 익어가는 대추

대추 한 알에도 태풍이 불고, 천둥과 벼락이 치고 39도를 오르내리는 땡볕과 몸을 에워싸야 하는 무서리, 뜨고 진 초승달의 역사가 고스란히 머물고 있다. 그냥 한 입 베어 물면 그만인 대추가 아니다. 우주의 삼라만상과 자연의 이치가 대추 한 알 한 알마다 올곧이 담겨 있다는 것이다. "저게 저절로 붉어질 리 있을까?", "저게 저 혼자 둥글어질 리 없잖아?" 결코 혼자서 된 것이 아님을 시인은 알고 있다. 어디에서 저런 통찰력이 나왔을까? 반복해보고 또 읽어봐도 경이롭다.

대추는 봄날의 꽃샘추위도, 오뉴월의 목 타는 가뭄도, 천둥과 벼락과 어둠보다 긴 지루한 장마와 39도에 이르는 폭염의 강한 땡볕을 이겨낸 참으로 위대한 존재다. 대추 한 알 속에도 우주의 섭리가 간직되어 있는데 하물며 사람들의 가슴속에는 얼마나 놀라운 일들이 간직되어 있을까? 가족과 이웃, 사회에 수많은 인연을 맺고 영향을 끼치고 받으며, 때론 시련과 상처로 신음도 하고, 영광과 축복을 노래한다. 사람이 곧 우주다. 우주의 위대함을 간직하며 인간답게 살아가야 하는 교훈을, 대추 한 알은 말하고자 함이 아니던가? 그 뜨거웠던 팔월의 태양은 우주의 주인공인 바로 당신을 향한 에너지다.

헌신과 출세의 상징
밤나무

가을은 풍요의 계절이다. 넘실대는 황금 물결이, 산야에 익어가는 열매가 마음을 더욱 넉넉하게 한다. 그중 우리가 쉽게 만날 수 있고 맛보기 쉬운 열매가 알밤이다. 밤이 익으면 가시 빗장이 서서히 열리고 애지중지 보호하던 갈색의 알맹이를 바깥세상으로 내보내며 가을이 왔음을 알린다.

밤나무는 큰 키에 넓은 잎을 지니고 낙엽이 지는 나무로, 20m까지 자란다. 다른 나무들이 봄을 맞아 꽃도 피우고 잎도 피우지만, 짐짓 모르는 체하다가 남 늦게 잎을 피워 양반 나무라는 별칭도 있다. 꽃은 특유의 진한 향기를 날리며 열매 맺기에 몰입한다. 개화로부터 열매를 맺고 배출하는 속도가 다른 나무에 비해 빠른 특징을 지니고 있다. 좌고우면하지 않는 목표지향형 나무가 밤나무다.

가을이 되면 알밤이라는 성숙한 열매를 생산한다. 밤나무는 다른 나무에 비하면 매우 특이한 열매를 맺는다. 강한 가시로 둘러싸여 있어 범접하기 어렵다. 이렇게 중무장하고 자라는 데에는 나름의 이유가 있다. 밤은 밤알 자체가 씨앗이기 때문이다. 다른 열매는 과육이나 껍질

만개한 밤꽃 특유의 향기를 내보내며 다량의 꿀을 벌에게 제공한다

이 씨앗을 보호하고 있지만, 밤은 열매 자체가 씨앗이라 생육 과정부터 강력한 보호가 필요하다.

이러한 밤나무의 강인한 특질을 조상님들은 놓치지 않으셨다. 내 자손이 잘되는 것이 지상 최대의 과제인 부모들은 밤송이처럼 엄중하게 자손을 보호하고 훈육한다. 때가 이르러 독립할 때까지 최고의 보살핌을 유지한다. 특별한 성질을 보유한 밤나무의 생멸에서 삶의 지혜를 터득해 그 지혜를 실천했다. 조선 대학자 율곡의 밤나무 사랑은 전설로 남아 있다. 밤나무를 심고 가꾸고 숭배하며 길흉사를 막론하고 큰 행사에는 반드시 챙겨야 하는 과일이 된 데에는 사람이 배우고 실천해야 할 덕목이 올곧이 스며 있다.

밤은 살펴보면 살펴볼수록 진기한 열매다. 대부분 식물은 씨앗을 심으면 종자의 껍질을 밀고 올라와 싹이 튼다. 그러나 밤나무는 조금 다

밤의 발아. 싹은 위로, 뿌리는 아래로, 알밤은 중심에서 영양을 공급한다

른 모습을 보인다. 종자의 껍질을 밀고 올라오지 않는다. 종자를 정점으로 하여 뿌리는 땅속으로 내려가고 싹은 위로 올라온다. 밤은 그 중심에 남아 뿌리와 싹이 튼튼하고 건강하게 잘 자라도록 마지막 순간까지 저장되어 있는 모든 양분을 후손에게 제공한다. 그리고 오랜 기간 그 중심에 열매의 흔적을 간직한다.

이러한 특징으로 밤나무는 자신의 근본을 잊지 않는 성스러운 나무로 자리매김한다. 선조의 은혜를 잊지 않는 나무가 밤나무이다. 그뿐만 아니라 밤나무는 부귀의 상징으로도 중요시하는 나무다. 백성이 누릴 수 있는 최고의 벼슬을 암시한다. 밤송이 속의 밤알 세 톨은 각기 삼정승 배출을 염원하는 출세의 기원이 담겨 있으며 조율시이[棗栗梨柹]로 불리는 것처럼 한국인 정서 속에 빼놓을 수 없는 중요한 열매이자 교훈을 주는 나무다.

우리말에 "신주를 모시듯 한다"라는 말이 있다. 사람들이 무언가를 가장 귀하고 정성스럽게 모실 때 사용하는 대표성이 있는 용어다. 이때 신주를 만드는 나무가 밤나무였다. 조상님의 영혼을 담은 위패를 밤나무로

알밤 삼 형제, 삼정승을 염원하는 희망이 간직된 열매다

만드는 데에는 밤나무가 지닌 가시의 엄중함과 근본과 은덕을 잊지 않는 상징성이 내포되어 있다. 신은 언제나 공경스럽고 정성스럽게 모셔야 하는 대상이자 정성이 부족하면 가시에 찔릴 수 있음을 일깨운다.

가시로 무장한 밤송이, 천적으로부터 씨앗을 엄중하게 보호한다

밤나무는 우리나라 전역에서 잘 자란다. 효의 상징으로, 출세의 염원을 담은 나무로 인가 가까이 자라고 식용과 약용으로 귀한 쓰임을 받는다. 〈본초강목〉이나 〈동국여지승람〉, 〈춘추좌씨전〉, 〈삼국유사〉 등 고

전에도 밤나무가 자주 등장한다. 삼천리강산에 밤나무를 상징하는 밤밭, 밤나무골, 율곡, 밤섬, 율동, 과천 등 밤나무와 연관된 지명이 있을 정도로 한국인의 정서가 듬뿍 담긴 나무다.

✧

화촉(華燭)을 밝히는 자작나무

요즘의 결혼식은 매우 다양하고 파격적인 방식으로 진행된다. 한국 고유의 전통 혼례도 있지만 이미 전통 혼례를 구식이라고 부른다. 면사포에 웨딩드레스를 입고 하는 결혼식이 신식이라 불렸다. 이제는 주례 없이 신랑 신부의 부모들이 직접 나서서 예식을 진행하는 최신식이 등장하고 있다.

시간이 지남에 따라 형식과 절차가 대폭 변경된 자유롭고 이색적인 다양한 결혼식이 생겨나고 있다. 그런 중에도 변하지 않고 지키는 절차가 있다. 양가 혼주들이 나와 촛대에 불을 댕기는 절차다. 크고 작은 행사에는 불을 밝히는 행사는 소중히 다루어왔다. 인류의 축제인 올림픽의 성화는 정성껏 채화하여 세계를 한 바퀴 도는 의식을 거행한다. 혼인의 성스러운 절차의 시작은 불을 밝히는 것으로 시작한다. 예나 지금이나 화촉을 밝힌다는 의미는 변함이 없는 듯하다. 화촉 성전의 의례에 화촉(華燭)은 자작나무와는 떼어놓을 수 없는 관계를 맺고 있다.

인제군 원대리 자작나무 숲의 봄

나무들도 저마다의 특징을 간직하고 일생을 살아간다. 자작나무는 30m 이상도 자라는 키가 큰 나무다. 넓고 둥근 잎을 달고 있다가 가을이면 노랗게 물이 든다. 겨울이면 잎을 떨구어 낸다. 우리나라 백두산 주변과 시베리아에 무리로 모여 사는 나무다. 자작나무의 특징은 무엇보다도 새하얀 나무껍질에 있다. 새잎이 돋아나는 봄, 하얀 가지와 연둣빛의 나뭇잎은 환상적인 조화를 이룬다. 북방이 고향이라지만 〈닥터 지바고〉라는 영화를 기억하는 분들은 화면 가득히 펼쳐지는 자작나무 바다를 기억하실 것이다. 하얀 나무껍질의 깔끔한 나무가 백의민족을 나타내는 것 같아 특별히 좋아한다고 하시는 분들도 계시다. 자작나무는 말쑥한 신사의 멋이 풍기는 귀족의 풍모를 지닌 나무다.

자작나무 숲의 가을

자작나무는 한자로 화(樺)로 쓴다. 결혼식을 화촉(華燭)이라고 흔히 말하는데 옛날에 촛불이 귀하던 시절 자작나무 껍질에 불을 붙여 촛불처럼 사용하였기 때문이다. 자작나무 껍질은 기름 덩어리로 불이 잘 붙는 특징을 가지고 있다. 지금처럼 밤을 밝히는 전깃불이 없던 시절 어둠을 밝히는 좋은 재료였다. 어둠이 깔리는 저녁 새색시를 맞이하는 집에 자작나무 불꽃이 자작자작 타오르는 정경이 눈에 선하다. 목재는 단단하고 치밀해서 조각재로 쓰인다. 특히 우리나라 국보인 팔만대장경의 경판 일부가 자작나무로 만들어졌다고 한다. 오랜 세월을 견뎌온 자작나무 경판은 벌레가 먹거나 뒤틀리지 않고 현재까지 잘 보존되고 있다.

자작나무는 줄기의 껍질이 얇은 종이처럼 벗겨진다. 자작나무 껍질을 벗겨내어 이것으로 명함도 만들 수 있고 글도 쓸 수가 있다. 사랑하는 연인들끼리 좋아하는 모양을 만들어 나누기도 하며 사랑의 글귀를 새겨 간직하는 낭만적인 나무다. 그 껍질은 거의 기름기이기 때문에 오랫동안 썩지도 않고 보관할 수 있다. 신라시대의 고분 속에서 자작나무 껍질에 글자를 새겨 놓은 것이 발견되어 이를 증명하기도 한다.

키가 30m나 자라는 큰 나무지만 자작나무 씨앗은 매우 작다. 자작나무는 9월 말경에 종자가 여물어 이때 따서 저장한다. 씨를 뿌리기 1개월 전에 흙 속에 매장하거나 축축이 젖은 모래와 함께 저장 후 씨를 뿌리면 발아가 잘 된다. 다른 나무에 비하면 공해에는 약하지만 하얀 나무줄기가 독특한 아름다움을 선사한다. 북유럽에서는 잎이 달린 자작나무 가지를 다발로 묶어서 사우나를 할 때 온몸을 두드리는 장면이 TV 화면을 통하여 등장하기도 한다. 이렇게 하면 혈액 순환이 좋아진다고 해서 한국에서도 인기가 있다.

우리나라에서는 거제수나무나 고로쇠나무와 함께 이른 봄, 줄기에 구멍을 뚫고 수액을 채취하기도 한다. 이 수액 역시 건강음료로 인기를 누리며 산촌의 소득원이 되고 있다. 한 걸음 더 나아가 자작나무에서 채취한 성분을 정제하여 자일리톨(xylitol)이 함유된 껌을 만들어 낸다.

자작나무 껍질에 쓴 소망

당분을 대체할 수 있는 자일리톨은 충치 예방에도 효과를 발휘한다고 하여 자작나무는 건강을 지켜주는 나무로, 아름다움을 선사하는 조경수로 인기를 누리고 있다. 그 무엇보다도 자신을 불태워 어둠을 밝히고 인생의 첫출발을 상징하는 고귀함이 간직된 나무다.

좋은 나무를 골라서 가꾸는 것은 인간의 본성이다. 어떤 이는 '백의 민족'이 하얀 자작나무에서 유래되었다는 주장도 편다. 날씨가 추운 곳에서 잘 견디는 자작나무는 한국에서는 거목을 보기 어렵다. 근래 정부 주도로 인공조림의 면적을 넓혀 나가고 있는 수종이기도 하다. 강원도 인제군 원대리나 경북 영양의 수비면 죽파리 검마산의 넓은 면적이 자작나무숲으로 둘러싸여 있으며 깔끔한 자태가 특유의 신비스러움을 자아낸다. 이곳에 모여드는 인파가 붐벼 사전에 입산 가능 여부를 확인하고 찾아가야 할 정도로 인기가 있다.

황금비가 내리는 모감주나무 (Gold Rain Tree)

삼복이 무르익는 칠월이다. 작열하는 태양 아래 맹렬한 기세로 자라는 산천의 초목은 싱싱하다. 녹색의 청춘을 마음껏 누리는 시간이다. 누가 저 푸르고 싱싱한 잎들이 단풍이 들고 마침내는 떨어져 바람에 휘날리는 낙엽이 되리라고 생각하는가?

꽃들이 아우성치던 봄이 가고 산야에는 꽃이 귀해졌다. 맹렬한 녹색에 덮인 탓도 있겠지만 대부분 꽃은 봄에 피어나기를 좋아한다. 옛사람들은 듬직하고 깊은 교훈을 간직한 꽃들이 시간도 걸리고 여름에 핀다고 생각했다. 그래서 여름에 피는 꽃을 양반 꽃이라고도 불렀다. 잎도 꽃도 늦게 피어나지만, 열매를 일찍 맺는 것이 대추나무다. 밤나무도 느지막이 잎을 내보내고 꽃을 피우기 시작하면 속도감을 느끼기에 충분한 동작으로 열매를 맺는다. 꽃이 늦게 핀다고 결실조차 늦은 것은 아니다. 그러면서도 귀한 대접을 받는 나무가 이들이다.

이른 봄 피어나는 꽃에 혹하기도 하지만 긴 여름 무궁하게 피는 꽃에 은근과 끈기를 배우고 그들의 성취를 닮고자 하는 선인도 많았다. 대기

만성이라 일찍 성공하지 못했다고 초조해하지 마시라. 누구나 한 번쯤 꽃 피고 열매 맺고 향기를 날리는 날이 있게 마련이다.

느지막이 두각을 나타내며 여름을 아름답게 하는 꽃은 따로 있다. 더위를 즐기려는 듯이 고목에 또는 담장에 기대어 피어나는 꽃이 능소화가 아니던가? 능소화 보기가 드물다면 조선의 백성들이 사랑한 무궁화가 있다. 아침에 피어나 저녁에 지는 무궁화는 줄기차게 피어나 긴 여름을 지킨다. 아침이면 새롭게 피어나는 무궁화의 피고 짐은 그래서 장엄하다. 화무십일홍이라 했지만, 선비들은 이 꽃을 좋아했다. 자신의 높은 뜻을 언젠가는 펴내리라는 기대를 닮고 싶었는지 모른다.

어찌 무궁화뿐이랴. 백일을 피어나서 선비의 사랑을 독차지하니 이름조차 백일홍이다. 초화류 백일홍이 있어 구별 짓기 위해 목백일홍이라고도 하고, 유식한 용어로 자미화(紫薇花)라고도 부른다. 배롱나무로도 불리는 이 나무 역시 백일 간이나 꽃을 피워낸다. 꽃 한 송이가 백일을 가는 것은 아니다. 사람이 바통을 주고받고 운동장을 계속 달리듯이 이 꽃도 아래 송이가 질 때면 위의 송이가 피어나고 다시 지고 피고를 반복하며 백일을 간다. 이렇게 부지런히 피고 지는 여름꽃을 선비들이 특히나 좋아했다. 지체 높은 선비들이 공부하던 곳에 이 나무들이 자라고 있다. 영원한 안식처라는 무덤가에도 심겨 있다. 저세상에서라도 꽃의 피고 짐을 보려던 듯하다. 꽃을 피워내는 나무야 막중한 에너지가 소모되는 대장정이지만 이를 보는 처지에서는 너무도 고마운 꽃이다.

황금비가 내리는 모감주나무 (Gold Rain Tree)

여름날에 빼놓을 수 없는 꽃이 또 하나 있으니 바로 모감주나무다. 모감주나무는 "꽃이 피면 여름이요, 열매가 익어 가면 가을이다"라는 말이 있다. 모감주나무는 세계적인 희귀종으로 알려진 나무다.

이 나무가 자생하는 자생지는 천연기념물로 보호받고 있다. 귀한 나무는 찾는 사람이 많다. 너도나도 이 나무를 심기를 원하다 보니 조경수로 인기가 있는 것은 당연하다. 모감주 역시 여름에 황금색의 예쁜 꽃을 피워낸다. 황금색의 꽃이 나무를 뒤덮는다. 서양에서는 골드레인트리(Gold Rain Tree)로 불린다. 노란 꽃이 나부끼는 모양이 흡사 황금비가 내리는 것 같다는 찬사다. 기회가 된다면 직접 확인해 보는 것도 좋은 추억이 될 수 있다.

중국이 원산지라고도 하지만 한국에 자생하는 곳이 있으니 남의 나라 나무는 아니다. 안면도를 중심으로 서해안에 분포하고 있으며 경상도에도 집단으로 서식하는 것으로 보아서는 꼭 해안가가 아니더라도 잘 자라는 나무다. 이러한 인기를 반영하듯 아파트 단지나 고속국도 주변에서도 쉽게 만날 수 있게 되었다. 바로 지금이 꽃을 만날 수 있는 제철이다.

꽃만 화려한 것이 아니다. 양봉농가에 황금비를 내릴 수 있을 만큼, 꿀밭이 부족한 여름철에 꿀을 많이 내어주는 효자 나무다. 좋게 보면 모두 좋아 보인다고 했던가? 열매도 일품이다. 흡사 초롱처럼 생긴 모양의 열매는 열매 자체가 아름다울 뿐만 아니라 단풍의 색깔도 예쁘다. 열매가 익어 까만 모습으로 변하면 염주 알이 따로 없다. 이러한 모습은 스님들이 즐겨 사용하는 염주를 만드는 데에도 부족함이 없는 나무다.

선천적으로 염해에도 강하고 대기오염에도 아랑곳하지 않고 적응한다. 좋은 나무는 주는 것도 많다. 모감주는 꽃을 따서 그늘에서 말렸다가 약으로도 사용한다. 참으로 다양한 효능이 있다. 약은 약사들의 영역이니 여기서는 넘어가기로 하자. 모감주는 보면 볼수록 참으로 애착이 가는 정감이 있는 나무다.

모감주 열매

국민 최고의 인기를 누리는 소나무

갤럽이 조사한 자료에 따르면 우리나라 국민이 가장 좋아하는 나무는 소나무로 조사됐다. 응답자의 67.7%가 가장 좋아하는 나무로 소나무를 꼽았으며, 은행나무(5.6%)와 느티나무(2.8%)가 뒤를 이어 전폭적인 소나무 사랑을 엿볼 수 있다. 왜 한국인은 유별나게 소나무를 사랑할까? 소나무에 얽힌 이야기를 나누어보자.

소나무는 이름부터 심상치 않다. 우리말로 소나무는 '솔'이라고도 부른다. 솔은 우두머리를 뜻한다. 나무 중 우두머리인 셈이다. 그런가 하면 오래전부터 벼슬을 한 나무이기도 하다. 원래 한자의 송(松)은 나무 목(木)에 벼슬 공(公)을 더하여 송(松)이 되었다고 한다. 나무가 공의 반열에 오르는 벼슬을 한 것이다. '공'은 중국의 벼슬 품계인 공(公), 후(侯), 백(伯), 자(子), 남(男) 가운데 가장 높은 지위의 벼슬이다. 오늘날에도 성씨 뒤에 공자를 부쳐 김공(金公), 이공(李公) 하는 것처럼 소나무를 목공(木公)이라고 부른 것은 그 자체가 귀하고 높은 신분을 나타내는 상징이라 할 수 있다.

소나무가 벼슬을 한 역사는 진나라 시황제까지 거슬러 올라간다. 진

나라를 세운 황제가 태산에 올라 하늘에 제를 올리고자 행차를 한 것이다. 그러나 순행 중에 소나기가 몰려와 근처에 있는 소나무 밑으로 피신하여 비를 피했다고 한다. 비를 피하게 해준 나무에 대한 고마움으로, 황제는 인심 후하게도 소나무를 오대부로 봉해 후대 사람들은 그 소나무를 오대부송이라 불렀다고 한다. 사람도 하기 어려운 벼슬을 소나무가 한 셈이다.

나무를 중심으로 문화권을 구분하기도 하는데, 북유럽은 참나무 문화, 중동은 올리브 문화, 러시아는 자작나무 문화, 우리나라는 소나무 문화라고 분류하기도 한다. 유럽인들은 참나무로 집을 짓고 가구를 만들었던 반면, 우리나라는 생활 전 분야에서 소나무를 사용했다. 소나무는 곧 삶 그 자체이며 문화였다.

아기가 태어나면 금줄을 매고 금줄에는 솔가지를 꽂았다. 소나무와 함께 태어나고 소나무 목재로 만든 집에서 소나무와 더불어 일생을 살다, 소나무로 짠 칠성판에 누워 생을 마감한다. 그리고 소나무밭에 묻히는 것이다.

그런가 하면 옛 조상들은 소나무를 신과 인간이 만나는 '통로'로 보았다. 우주수로 신과 인간을 이어주는 매개체로 본 것이다. 옛 문화를 유추할 수 있는 산신도에도 호랑이를 탄 산신과 그 뒤를 장식하고 있는 소나무의 위용을 보면, 소나무는 단순한 나무가 아니라 하늘의 뜻을 인간에게 전하고 인간의 간절함을 하늘에 고하는 신목으로 자리 잡고 있다.

국민 최고의 인기를 누리는 소나무

어디 그뿐인가? 인간의 수복강녕을 기원하는 십장생도에도 빠지지 않고 등장하는 나무 역시 소나무다. 왕이 있는 자리를 장식하는 병풍에 일월오봉도가 있다. 이 병풍에도 소나무가 그 위용을 자랑하고 있다. 소나무는 권력의 상징이기도 한 것이다.

이렇게 소나무의 이미지는 신목으로, 우주수로 지조, 절개, 충절, 장수, 영험 등을 떠올리게 한다. 그러나 무엇보다도 우리 가슴속에 깊이 남는 것은 애국가의 한 구절인 "남산 위에 저 소나무 철갑을 두른 듯 바람서리 불변함은 우리 기상일세!"와 같이 당당함과 천 길 벼랑 사이, 바위뿐인 절벽에 홀로 푸름을 간직한 소나무에서 끈질기고 강인한 기상을 느끼지 아니할 수 없다.

오천 년 역사를 간직한 한민족의 기상을, 모진 풍파를 이겨내고 백설이 뒤덮인 천하를 굽어보며 우뚝 선 소나무에서 경이로움을 느끼고 그 소나무를 사랑하는 것이 어쩌면 당연한 민족적 정서일지도 모른다.

IT 첨단시대를 구가하는 지금도 소나무는 최고가로 거래되는 것은 물론, 떡과 돼지머리가 놓인 제상을 받고 있지 아니한가? 대한민국 국민이 제일 좋아하는 나무로 소나무가 부동의 1위를 지키고 있는 것은 결코 우연한 일이 아니다.

3장

나무를 보면 역사가 보인다

절하는 소나무?

정중하게 예를 갖추고 절하는 나무가 있다. 세계문화유산 중 하나인 여주 세종대왕릉에 가면 이 나무들을 만날 수 있다. 이곳의 소나무는 세종대왕 능침을 향하여 마치 신하가 군주에게 머리를 조아리듯 고개를 숙이고 있다. 자세히 살펴보면 능침을 둘러싼 소나무는 한결같이 비슷한 모양을 하고 있다.

세종대왕은 대한민국 역사상 가장 위대한 임금이시다. 백성을 사랑한 선정은 물론, 세계가 인정하는 문자를 만드신 성군으로 세계로부터 추앙받고 있다. 그래서일까, 능침 주변에서 오랜 세월을 살아온 나무들도 세종 성군의 위업을 잘 알고 있다는 듯 고개를 조아리고 있다. 참으로 보면 볼수록 신기할 뿐이다.

소나무가 나무 중 으뜸으로 대접받고, 많은 선비로부터 닮고 싶은 나무로 남아 있는 데에는 다 그만한 이유가 있는 듯하다. 소나무 이야기로 들어가 보자.

소나무는 중국에서도 인기가 있는 나무다. 중국의 절대 권력자 황제들

세종대왕릉의 소나무가 능침을 향하여 머리를 숙이고 있다

은 오악 중 으뜸이라 일컫는 태산에 올라 하늘에 제를 올리는 일을 매우 신성시하였다고 한다. 천자로서 하늘과 소통하는 황제의 위엄을 만천하에 보이고자 했는지 모를 일이다. 이를 봉선제(封禪祭)라고 부른다.

'봉'은 산정에서 옥황상제를 향하여 올리는 제사이며 '선'은 산 아래서 땅의 신들에게 지내는 제사로 천지신명께 황제가 지내는 제례 의식으로 전하여 내려오고 있다. 일설에는 이렇게 봉선제를 올리면 불로장생한다는 믿음이 당시 사회를 지배하고 있어 황제들은 모두 이 행사를 치르고 싶어 했다고도 전한다.

당연, 이 행사는 국가적 행사이자 당대 최고의 권력자인 황제의 위엄을 과시하고 많은 백성에게 덕을 드러내 보이는 행사이기도 했다. 그러나 황제라 하더라도 막대한 비용을 지불해야 하는 만큼 역사에 길이 남을 만큼 강력한 황제가 아니면 봉선제를 거행하기가 힘들었다. 나라를 평안케 하는 데에 큰 공로가 있는 황제나 재임 기간에 백성들로부터 존경받는 황제들만 이 의식을 치를 수 있었다는 것이다.

소나무의 역사는 이 봉선제와 중요한 관계가 있다. 중원을 통일한 진나라의 시황제가 위풍당당하게 봉선제를 지냈다. 1,524m의 태산 산정에서 제를 지내고 내려오는 길에 그만 소나기를 만난 것이다. 하늘에 제까지 올린 황제의 체면이 말이 아니었다. 백성들의 비웃음 소리가 들리고 천둥 벼락이 내리쳤다는 이야기도 나온다. 갑자기 나타난 천재지변에 당황했지만 진시황제는 주변에 있는 소나무 아래서 벼락도 피하고 소나기도 피할 수 있었다. 그 절묘한 상황 속에서 절대 권력자 황제를 지켜준 나무가 바로 소나무였다.

진시황제는 이때의 고마움을 잊지 않았다. 이 소나무에 오대부의 큰 벼슬을 내리니 소나무는 이름조차도 송(松)이라 불린다. 전설처럼 내려오는 대부 송의 송(松)은 원래 나무 목(木)에 벼슬 공(公)이 합쳐진 글자다. 높은 벼슬을 한 나무의 이름이 송이다. 소나무가 귀한 대접을 받기에는 전설 같은 사연이 없다면 오히려 이상한 일이다.

우리나라에도 이와 비슷한 전설이 남아 있다. 보은에 사는 정이품 소나무의 전설이다. 잘생긴 나무, 정이품송 역시 세조의 행차와 관련되어 있으며 세조로부터 벼슬을 하사받은 전설을 지니고 있다. 이야기 속의 소나무는 고마운 나무가 아닐 수 없다. 민간의 생활 속에도 소나무는 깊이 뿌려내려 있으며 한국의 문화는 소나무 문화라는 이야기까지 나온다. 부정할 수 없는 사실이다.

특히 조선시대에는 전국 최고의 소나무가 한양으로 몰려들었다. 당대 최고의 건물인 궁궐은 소나무로 지어졌다. 전국 요소요소에 소나무를 가꾸는 봉림(封林)이나 금산(禁山)이라는 이름의 소나무 생산기지가 있었고 나라를 지키는 군수품도 소나무였다. 소나무로 만든 전함이 임진왜란 때 삼나무로 만든 왜선을 격파하는 강력한 무기였다는 것은 널리 알려진 사실이기도 하다.

이러한 소나무가 왕실의 사랑을 독차지한 것은 너무도 당연하다. 오늘날 조선왕조의 능침 주변에는 소나무가 묘역을 지키고 있다. 오직 한길 임 향한 일편단심의 충성심이 변함없는 나무가 소나무다. 시대는 바뀌어도 소나무와 같은 충성심을 마다할 자는 이 시대에도 없다. 배신자가 횡횡하는 작금의 상황을 보면 백성도 권력자도 언제나 변함없는 소나무 같은 충신을 고대하는 시대다.

지도자는 나무를 심는다

최근 개방된 대한민국 권력의 심장부였던 청와대에는 대통령이 심은 나무들이 당시의 시대 상황과 국정 책임자로서의 상징적인 메시지를 남기고 있어 방문객을 흥미롭게 한다. 국가와 민족을 이끌어가며 한 시대를 풍미한 지도자들은 어떤 나무를 심었을까? 왜 그 나무를 골랐을까? 국민에게 전달하고자 하는 메시지는 어떤 것일까? 그리고 그때 심은 나무는 잘 자라고 있을까? 하는 궁금증은 나에게는 초미의 관심사였다.

역대 대통령께서 나무를 심은 공간 중 제일 많이 선택된 곳은 청와대와 한국의 숲을 대표하는 광릉의 국립수목원이다. 국가 지도자들이 심은 나무는 국민의 주요 관심대상이 되고 장삼이사의 시민들에게까지 파급되는 효과는 매우 크다. 같은 나무를 너도나도 한 그루 심고 가꾸기를 원하는 사람들이 생길 뿐만 아니라 그 시대를 대표하며 인기를 누리는 조경계의 스타나무가 되기도 한다.

우리나라의 초대 이승만 대통령으로 거슬러 올라가면 한국의 산야는 헐벗은 민둥산이 속살을 드러내고 있던 시기에 해당한다. 청와대가 당시에는 경무대로 불렸다. 이승만 대통령 재임 당시에 심겼던 나무로 추정되는 거목들이 현재의 청와대 숲을 이루고 있다고 전문가들은 진단한다. 당시의 특징으로 보면 크게 빨리 자라는 나무가 선택되고 인기를 누렸다고 한다.

이승만 대통령은 1948년부터 1960년까지 12년 동안 청와대(당시 경무대)를 집무실 겸 관저로 사용했다. 이승만 대통령이 처음 입주할 즈음 북악산 자락인 청와대 일대는 소나무 몇 그루만 있는 황폐한 야산이었다고 한다. 전국의 산들도 마찬가지여서 이 대통령은 식목일을 제정하고 임기 내내 나무 심기를 강조한 대통령으로 알려져 있다.

초대에서 3대까지 집권한 이승만 대통령은 거목으로 성장하는 전나무, 잣나무, 낙엽송, 백합나무, 루브라참나무, 플라타너스를 청와대 주변에 심었을 것으로 추정하고 있다. 당시 나무를 심는 모습이 사진으로 있지만 역대 대통령의 기념식수처럼 표시가 없어 추정만 할 뿐이다. 하루속히 강산이 푸르고 울창한 나라가 되기를 소망했다는 것이다. 이승만 대통령은 산을 푸르게 만드는 일도 중요하게 여겼지만 나무가 자란 후 이용에 대하여도 생각해 곧고 크게 자라는 나무를 선택했다고 한다. 남한산성 수어장대 부근에 전나무를 식재하고 세운 기념식수 표석이 현재에도 남아 있어 이러한 주장을 뒷받침하고 있다.

이승만 대통령이 심은 전나무 남한산성 수어장대 옆

그 뒤를 이은 윤보선 대통령은 청와대 기념식수의 흔적을 찾아보기가 어렵다.

5대에서 9대까지 집권한 박정희 대통령은 치산녹화의 최고 지도자로 꼽힌다. 박정희 대통령은 재임 기간도 길었지만 많은 나무를 식재한 것으로 유명하다. 헐벗은 민둥산에 치산녹화의 옷을 입혔다. 워낙 많은 수의 나무를 심어서인지 현존하는 기념식수 표석은 청와대 영빈관 오른쪽 담장 부근에 가이즈카 향나무가 기념식수 표석으로 표시되어 있으며 생육상태도 양호하다. 광릉수목원에는 전나무 잣나무 은행나무가 식재되어 왕성하게 자라고 있으며 나무를 심고 가꾼 흔적이 한반도 전역 요소요소에 남아 있다.

박정희 대통령 기념식수 가이즈카 향나무

10대 최규하 대통령은 춘추관 쪽 잔디밭과 녹지원 사이에 1980년 4월11일 식수한 독일가문비나무가 자라고 있다. 당시의 시대 상황은 박정희 대통령이 시해되고 국정은 안갯속이었다. 역사의 기록처럼 군부가 득세하던 시대다. 독일가문비는 검푸른 색을 띠며 크게 자라기는 하지만 공교롭게도 가지가 아래로 처지는 특징이 있다. 무언가를 내려놓는 모습으로 보인다.

이 나무의 모습을 보고 최규하 대통령이 5공 세력의 압박에 정권을 내려놓고 금방 굴복한 것으로 비유하는 세간의 이야기꾼들도 있다. 지도자가 나무를 고르고 심고 가꾸는 일도 쉬운 일이 아님을 알 수 있는 대목이다. 그러나 이러한 해석이 일관된 것은 아니다.

11, 12대 전두환 대통령도 수궁터와 상춘재 앞에 백송을 한 그루씩 심었다. 수궁터 백송은 죽었지만, 상춘재 앞 백송은 지금도 싱싱하게 살아 있으며 광릉수목원에 독일가문비도 심었다. 재임 기간이 길어서일까. 당시에 독일가문비를 심고자 하는 수효가 늘어난다. 그 무렵 심긴 독일가문비를 대한민국 공공장소나 공원에서 쉽게 만나볼 수 있다. 전두환 대통령은 재임 중 나무심기도 챙겼지만 심은 나무를 잘 가꾸어야 한다며 육림의 중요성을 강조하고 조림지를 찾아 자라는 나무에 비료주기행사도 실시한 것으로 알려져 있다.

13대 노태우 대통령은 분비나무 소나무 구상나무를 청와대에 심었다. 기념 표석이 남아 잘 알아볼 수 있다. 특히 청와대 본관 우측에 심

전두환 대통령 기념식수 백송

노태우 대통령의 기념식수 구상나무

긴 구상나무는 고지대에 잘 자라는 나무임에도 청와대에서 왕성한 자람을 보여주고 있다. 노태우 대통령은 서울 올림픽 성공을 염원하는 뜻으로 1988년 식목일에 구상나무를 심었다고 한다. 구상나무는 세계 어디에도 없고 한국에서만 자라는 세계적으로 희귀한 한국 특산종이다. 학명[Abies koreana]에 한국을 뜻하는 '코레아나 [Koreana]'가 들어 있다. 나무의 생김새가 단정 우아하다. 크리스마스트리로 세계적인 인기를 누리는 나무다.

노태우 대통령 재임 시 관저 인수문 회차로 중심에 세 그루의 소나무를 심었으나 한 그루가 고사한다. 삼각 대칭을 이루던 나무가 균형을 잃게 된 것이다. 노무현 대통령 재임 시에 비슷한 크기의 소나무를 심어 현재에는 균형미를 갖추고 있다. 이곳에는 노태우 대통령과 노무현 대통령의 기념식수 표석이 함께 있어 설명을 듣고 보면 빙그레 웃음이 떠오르는 곳이기도 하다. 두 분의 노 대통령이 심은 나무가 서로 어우러져 아름다운 모습을 연출하고 있다.

14대 김영삼 대통령은 구상나무 전나무 반송 산딸나무를 심었다. 취임 첫해인 1993년 청와대 건너 궁정동 안가로 불리는 가옥을 헐어내고 무궁화동산을 조성하기도 했다. 무궁화동산 개원식에서 "과거 권위주의 시대의 밀실 정치를 깨끗이 청산한다는 의미 깊은 현장"이라고 소개했다는 후문이다.

독실한 기독교 신자였던 김영삼 대통령을 산딸나무에 매력을 느꼈던 대통령으로 이야기하는 사람도 있다. 기독교에 전하여 오는 전설에는

김영삼 대통령 기념식수
산딸나무

예수 그리스도가 십자가에 못 박힐 때 쓰인 나무가 '도그우드'라 불리는 산딸나무 종류였다고 한다. 김영삼 대통령은 1994년 식목일 수궁터에 산딸나무 한 그루를 심는다. 초여름에 십자가 모습을 한 하얀 꽃이 눈길을 끌고 가을이면 잘 익은 딸기처럼 보이는 열매가 독특한 나무다. 훗날 기독교 신자인 이명박 대통령도 산딸나무를 심는다.

15대 김대중 대통령은 광릉수목원에 금강소나무를, 청와대 영빈관 앞에는 무궁화를 심고 표석을 설치했다. 청와대 내의 기념식수 표지석 중 좌대에 문양이 조각되어 있으며 기념식수 표지석의 크기가 가장 크다. 그 표지석에는 "김대중 대통령과 이희호 여사 기념식수 2000.6.17. 민족대화합의 길을 여신 첫 남북회담(평양2000.6.13-15)을 기념하여 무궁화(품종: 榮光 홍단심)를 식수하심"이라고 새겨 있다. 남북정상회담에 큰 의미를 부여하였음을 알 수 있는 표시다.

김대중 대통령 기념식수 무궁화

관저 앞에 심긴 소나무 세 그루는 노태우 대통령이 심고
한 주가 고사하자 노무현 대통령이 다시 심어 세 그루가 살아가고 있다

16대 노무현 대통령은 무궁화, 소나무, 서어나무를 심었다. 특히 탄핵심판 기각 직후인 2004년 5월 16일 청와대 밖 백악정 앞에 서어나무를 기념식수한다. 서어나무는 보통의 조경 현장이나 산림에 흔하게 식수하는 나무는 아니다. 서어나무는 꽃이 아름답지도 않고 목재로도 쓰임새가 거의 없는 나무라 대통령 기념식수로 선택될 여지가 없어 보이는 나무다. 그러나 서어나무는 생태계가 안정되고 최후까지 산림을 지키는 나무로 알려져 있다. 숲 전문가들은 극상림의 마지막 주인이 서어나무라고 한다. "권위주의를 무너뜨리고 서민들과 눈높이를 맞추려던 노 전 대통령의 국정 철학과 연결되는 것 같다"고 한마디씩 거드는 나무가 서어나무다.

이명박 대통령 기념식수 둥근 소나무

17대 이명박 대통령은 무궁화, 소나무, 산딸나무, 그리고 주목을 기념식수한다. 소나무와 무궁화 산딸나무는 청와대에, 주목 중에도 '금빛노을'이라고 불리는 황금색의 주목을 광릉수목원에 식재한다. 산딸나무는 기독교 신자인 점도 고려대상이지만 꽃과 열매가 아름다워 일반인들도 많이 찾는 수종이기도 하다. 특히 광릉수목원에 식재된 금빛노을이라는 주목은 빛의 속도로 팔려나갔다는 소식이다. 주목의 특성과 부귀를 나타내는 황금빛에 대통령이 식재한 나무라는 상징성이 결합하면서 나무의 가치를 한껏 끌어올린 것이다. 이로 인해 경제를 살리는 경제대통령의 이미지를 확고히 했다는 후문이다.

18대 박근혜 대통령은 구상나무와 이팝나무, 전나무를 심었다. 구상나무의 특징과 상징성은 이미 전술한 바가 있지만 박근혜 대통령이 2013년 4월 8일에 기념식수한 이팝나무 식재에는 깊은 의미가 뒤따른다. 박근혜 대통령은 자신의 정치적 고향 달성에서 이팝나무를 가져다 청와대 경내에 심었다. '이팝나무' 이름에는 여러 설이 있지만, 굶주림에 시달리던 옛사람들은 이팝나무 꽃이 활짝 핀 모습을 보고 수북이 올려 담은 흰쌀밥을 연상했다고 한다. 조선왕조 임금의 성이 이(李)씨이므로 벼슬을 해야 이씨가 주는 귀한 쌀밥을 먹을 수 있다 해서 쌀밥을 '이(李)밥'이라 불렀다는 설명도 있다. 이렇게 '이밥나무'라 불리다가 지금은 이팝나무라 불린다. 이팝나무는 배고픔의 고통을 아는 서민 나무이

박근혜 대통령 기념식수 이팝나무

자 지도자는 국민을 배불리 먹여야 할 책임이 있는 자리임을 늘 자각하라는 뜻을 내포하고 있으며 박근혜 대통령은 아버지인 박정희 대통령이 보릿고개를 해결했다는 업적을 기리며 이 나무를 심었다는 효심 어린 이야기도 전해지고 있다.

19대 문재인 대통령은 모감주나무를 청와대 헬기장 옆에 심었으며 상춘재 앞에 동백나무를, 광릉수목원에는 소나무를 심고 표석을 남겨놓

문재인 대통령 기념식수 동백나무 전용 온실

았다. 최근 청와대에 식재된 나무로 나무의 상태는 왜소한 편이다. 다만 특이한 것이 있다. 동백나무를 상춘재 앞에 심었다는 것은 나무를 심는 사람들의 주요 관심대상이다. 동백나무를 이곳에 심은 데에는 어떤 사연이 있는지 자못 궁금하다. 붉은 꽃을 피우는 동백, 거제도와 부산의 동백섬을 그리워한 탓일까? 또 다른 상징이자 전하는 메시지가 무엇인지 그 이유는 알려져 있지 않지만 동백나무가 자연 상태에서 서울의 환경에 적응하기까지는 많은 시련을 극복해야 할 것이다.

필자가 대통령이 심은 나무에 비상한 관심을 가지게 된 것은 이 동백나무가 한몫했음은 물론이다. 필자가 이곳을 방문한 1월 5일 상춘재 앞 동백나무는 독채의 온실 속에서 겨울을 보내고 있었다. 한파 속에 동사를 방지하고자 하는 조치로 짐작은 하지만 동백은 계속 춥고 위태로운 환경에서 두려운 청와대 생활을 하지 않을까 걱정이다. 대통령이 선택한 나무, 대통령이 심은 나무는 국정 철학과 국가적 염원이 담겨져 있다고 생각한다. 나는 온실 속에서 두터운 볏짚 코트로 무장한 채 살아가는 동백나무가 측은하여 한동안 발걸음을 떼지 못했다.

인류의 영혼을 유혹한 커피

고대의 사람들은 나무가 하늘과 통하는 신의 통로로 굳게 믿었다. '인간 만사 길흉화복(吉凶禍福)과 흥망성쇠(興亡盛衰)가 그곳에서 시작되고 소멸한다'라는 믿음이다. 울창한 숲과 거목을 세상의 시작이자 숭배의 대상으로 섬겨온 것이다. 이러한 믿음의 나무를 우주수(宇宙樹) 또는 세계수라고 한다.

멀리 다른 나라의 예를 들을 필요도 없다. 우리나라도 신단수 아래서 신시를 열었다고 단군신화가 그렇게 전하여 오고 있다. 한결같이 세계 곳곳의 건국 신화는 나무와 깊은 관련이 있다. 인류가 살아오면서 나무는 인간의 삶을 지탱해주는 불가분의 관계를 지니고 있다.

눈부신 과학 문명이 지배하는 현대에도 나무의 역할은 조금도 줄어들고 있지 않다. 오히려 나무의 긴요한 역할을 더 요구하는 추세다. 최근 정부는 천억 원이 넘는 예산을 투입해 경북 영주 백두대간에 치유의 숲을 개장하고 국민 건강증진에 숲을 이용하도록 다양한 시설을 준비하였다. 나무가 인류의 건강을 지킨다는 믿음이 점점 확고해지는 것이다.

고대 인류에게 거대한 우주수가 이 세상의 시작이자 섬김의 대상이었다면 현대 인간의 마음속에도 의지하고 싶은 자신만의 우상이 똬리를 틀고 있다. 이것과 저것이 나에게 좋다는 믿음은 과학적 분석을 통하여 논리적이고 합리적으로 분석된다. 나무와 숲이 주는 가치와 성분은 과학적 검증을 거쳐 피톤치드와 테르펜 성분이 규명되고 인간의 심신에 이바지한다는 사실은 더욱 확고해졌다.

그러나 이러한 믿음이 작용하는 데에는 그 나무의 영혼이 남모르게 작용한 것은 아닐까? '귀신 곡할 노릇이네' 하면서 마치 지남철에 쇳가루가 끌려가듯이 그 방향을 향하여 달려가는 모습은 무엇인가? 영혼에 홀린 바로 그 모습이다.

지극히 현명하고 영악스럽기까지 한 현대인들은 아침 끼니는 거르지만, 한 잔의 커피조차 거를 수는 없다고 커피 잔을 들고 나타난다. 천 원짜리 라면으로 끼니를 때우고도 4~5천 원 하는 커피를 손에 들고 있는 모습에서 커피나무 영혼에 세뇌당한 듯한 인간의 모습이 보인다. 무슨 천만의 말씀이냐고, 한마디 하실 수도 있지만 이미 식물들은 동물의 욕구를 알아차리고 수억 년 살아오면서 그렇게 진화해 왔다.

커피나무의 신통력이 얼마나 뛰어났으면 세계 인류의 입맛을 사로잡았을까? 인간의 지혜로운 선택일까? 최고의 성직자도 "이 사탄의 음료를 이교도 놈들만 마시도록 하기에는 너무 맛있다!"라며 커피를 승인했다고 하니 이 지구에 인류보다 먼저 자리를 잡은 식물의 영혼이 인류를 조종하는 것은 아닌가? 식물이 은밀히 인류를 지배해온 사실에 비추어보면 가능성은 충분하다. 세계 교역량의 최고인 석유 다음으로 큰 비중을 차지하는 것이 커피인 것을 보면 그냥 우습게 보아 넘길 일도 아니다. 주식용 쌀과 밀을 제치고 전 세계인의 사랑을 받는 기호품이 바로 커피다.

아프리카가 원산지라는 커피나무는 이제 한국에서도 자라고 있다. 누가 커피나무를 애지중지하며 가꾸게 했을까? 커피나무 영혼은 필자의 집에까지 침투했다. 앙증스러운 모습으로 아직은 작은 분속에 둥지를

한국에서 자란 커피나무, 검은 열매가 커피콩이다

틀고 있다. 커피의 영혼은 속삭인다. "인간들의 대화에는 내가 있어야 소통이 잘 된다니까 커피 한 잔 하실래요?" 나는 이 제안을 거부하지 못한다. 커피나무의 영혼에 홀린 사람이 나 하나일까? 커피 한 잔 마시고 다음 이야기를 계속해야겠다.

오늘날 자유민주주의를 커피가 이룩하였다면 믿을까? 커피가 인류의 역사에 영향을 끼치고 인류의 영혼 속 깊이 파고든 데에는 그 유명세만큼이나 다양한 이야기가 존재한다.

커피의 원산지는 아프리카 에티오피아의 고원지대로 알려져 있다. 전하여 오는 이야기는 이렇다. 에티오피아 고원에서 양을 치던 목동이 자기 양들이 이상한 열매를 먹고 잠도 안 자고 밤새 뛰어노는 걸 보고는 신기해했다. 호기심이 발동한 목동은 그 열매를 먹었더니 졸음도 가시고 정신이 또렷해지는 것을 알게 된다.

목동은 뱀의 유혹이 아닌 양들을 관찰하면서 '검은 악마의 음료'는 인간과 인연을 맺게 된다. 이렇게 시작된 커피는 초창기에는 커피 열매를 볶아 빻아서 빵에 발라먹기 시작하였다고 한다. 커피는 커피 열매를 볶아서 물에 우려먹는 것인데 이 열매를 볶아 먹게 된 이유엔 재밌는 사연이 있다. 목동이 커피를 마신 뒤 각성 효과가 있음을 깨닫고, 인근 수도원의 수도사들에게 "양들이 이것을 먹더니 밤새 뛰어놀더라. 그래서 내가 먹어봤더니 졸음도 가시고 정신이 맑아지는 것이 아주 좋았다"라고 열매의 비밀을 전한다.

수도사들은 이 검은 열매가 악마의 것일지도 모른다는 두려움 때문에 먹기를 포기하고 불 속에 던져버렸다. 그런데 불 속에서 타오르는 커피의 향기가 너무도 그윽한 것이 마음에 들었다. 향기에 매료된 수도사들은 조심스럽게 커피를 볶아 먹게 됐다고 한다.

이렇게 시작된 커피는 자연스럽게 이슬람 사원의 주변으로 퍼지고 커피를 마실 수 있는 곳(커피하우스)이 여기저기 생겨난다. 커피를 마시러 사람이 모여들고 이 장소는 대화의 장으로 발전한다. 통치자들은 많은 사람이 모여 수군거리는 것을 날카롭게 주시했다. 이를 염려한 충성스러운 참모들은 커피 금지령을 내린 후 커피를 불순한 음료라 단정하고 술탄에게 커피를 금지해 달라고 요청한다. 그러나 커피를 마셔본 술탄은 각성 작용이 경건함을 일깨운다며 오히려 커피를 널리 보급할 것을 명했다. 예배를 드릴 때 졸음에서 벗어나기 위한 목적으로 경건하고 신성한 음료로 사용되기 시작한 것이다.

이렇게 커피나무는 술, 담배, 차를 능가하는 실력으로 인류와 교재의 폭을 넓혀나간다. 커피를 사랑한 이슬람인은 유럽에 진출할 때 전장까지 커피나무를 가지고 가서 심었다. 이렇게 유럽에 커피가 퍼져나간다. 사정이 그렇다 보니 유럽에서는 '이교도들'이 마시는 커피에 대한 인식이 부정적일 수밖에 없었다. '이교도의 음료', '악마의 유혹', '야만인의 음료', '사악한 나무의 검은 썩은 물'이라고 헐뜯으며 배척 운동이 일어난다. 하지만 흉을 보면서 닮는다고 했던가? 금하면 금할수록, 한 번 맛을 본 사람들은 커피의 오묘한 맛을 잊을 수 없었다.

예나 지금이나 하지 말라는 일은 더 해보고 싶은 것이 인간의 심성인지라 그 심성은 서양이나 동양이나 별 차이가 없었던 것 같다. 한동안 대학가에 유행하던 말처럼 "악마처럼 쓰게, 천사같이 순수하게, 지옥같이 뜨겁게, 키스처럼 달콤하게"라며 커피 예찬론자까지 생긴다.

이러한 커피가 유럽을 휩쓸기 시작하더니, 지식인들과 교수들, 예술가와 시민들은 카페에서 커피를 중심으로 모여들어 평등과 자유, 그리고 정치에 관한 토론과 비판이 활발해졌다. 오늘날의 자유민주주의 쟁취에 커피가 그 중심에 있었다. 아마도 커피는 자유를 갈망하는 인류의 마음속을 훤히 꿰뚫고 있는 나무가 아닐까?

사과나무 혁명은 끝나지 않았다

유럽 여행길에 듣는 나무 이야기는 흥미롭다. 안내자는 유럽 역사의 변천을 이렇게 이야기한다. 서양의 역사는 중요 고비마다 사과나무가 바꾸었다는 것이다. "뱀의 유혹에 넘어갔다는 아담과 이브는 에덴동산에서 금단의 열매인 사과를 따 먹고 추방당한다. 사과로 인해 아담과 이브는 원죄의 굴레 속에 살게 되었다. 인간 고통의 역사는 이렇게 시작됐다"라고 이야기한다. 사과나무는 역사의 고비길마다 필연처럼 등장하여 세상의 틀을 바꾼다.

두 번째 사과 사건은 스위스에서 벌어진다. 사랑하는 아들의 머리 위에 사과를 올려놓고 화살을 쏘아 맞힌 전설적인 스위스 영웅 빌헬름 텔의 이야기다. 약소국인 스위스의 독립운동에 도화선 역할을 한다. 이 사건은 전 인류에게 자유민주주의라는 선물을 안겨주었다.

영국이 배출한 걸출한 과학자 뉴턴은 사과나무에서 떨어지는 사과를 보고 영감을 얻어 그 유명한 만유인력의 법칙을 발견한다. 세 번째 사과 사건이다. 과일이 떨어지는 많은 나무가 있지만, 사과나무야말로 중요한 고비마다 인류 역사의 물길을 돌려왔다는 것이 서양인의 사고다.

서양문명의 스승이라고 일컫는 소크라테스의 교훈적 이야기에도 사과가 등장한다. 어느 날 제자들이 모여 소크라테스에게 답을 구한다. "선생이시여, 인생이란 도대체 무엇입니까?" 소크라테스는 대답 대신 제자들을 사과나무가 있는 숲으로 데리고 간다. 때마침 사과가 무르익는 계절이라 그윽한 사과 향기는 숲을 가득 메우고 있었다. 소크라테스는 제자들에게 사과나무 숲 입구에서 숲의 끝까지 걸어가며 각자 가장 마음에 드는 사과를 딱 하나씩 골라오도록 지시한다. 다만, 다시 뒤로 되돌아갈 수 없다. 앞을 향해서만 갈 수 있다. 그리고 선택은 단 한 번뿐이라는 것을 명심하도록 했다.

제자들은 사과나무 숲을 걸어가면서 자신의 마음에 드는 가장 크고 훌륭한 사과를 하나씩 골랐다. 제자들은 모두 사과나무 숲의 끝에 도착했다. 그리고 제자들이 모두 한자리에 모이자 소크라테스는 입을 열었다. "여러분, 가장 좋은 열매를 골랐습니까?" 그러나 제자들은 서로의 것을 비교하며 아무 말이 없었다. 그 모습을 본 소크라테스가 다시 물었다. "왜? 자신이 고른 사과가 만족스럽지 못한가?"

"선생님, 다시 한번만 고르게 해주세요" 한 제자가 이렇게 말했다. "숲에 막 들어섰을 때 눈에 확 띄는 좋은 걸 봤거든요. 그런데 더 크고 좋은 걸 찾으려고 따지 않았어요. 사과나무 숲 끝까지 왔을 때야 제가 처음 본 사과가 가장 크고 좋다는 것을 알았습니다" 또 다른 제자가 자신도 할 말이 있다고 나섰다. "저는 정반대예요. 숲에 들어가 조금 걷다가 아주 크고 좋은 사과를 골랐는데요. 점점 오면서 보니까 더 좋은 사과가 계속 있는 거예요. 천천히 잘 고를걸! 후회스럽습니다" 모든 제자들이 똑같이 말했다. "선생님, 한 번만 더 기회를 주세요!"

소크라테스가 껄껄 웃더니 단호하게 고개를 내저으며 진지한 목소리로 말했다.

"그게 바로 인생이라네. 인생은 언제나 단 한 번의 선택을 해야 하는 것이라네. 인생에 두 번의 기회란 없다네."

사과

사과 이야기를 가지고 '진실이냐, 에피소드냐?'라는 논쟁은 불필요한 일이다. 위대한 업적을 남기거나 역사의 고비길에는 일화와 전설이 남아 있다. 그 속에 인류의 마음속에 자라고 있는 나무가 등장한다. 한국인의 마음속에는 소나무가 자라고, 서양인의 가슴속에는 사과나무가 간직되어 있다. 현재 한 입 베어 먹은 애플(apple)이 인류의 주머니 속을 지배하는 것은 우연이 아니다. 과연 다음 사과나무는 어떤 혁명을 몰고 나타날 것인가?

겨울이 되면 소나무와 잣나무는 시들지 않는다는 것을 알게 된다?

국보 180호로 지정되어 있는 추사 김정희의 〈세한도〉는 깊은 사연이 담긴 그림이다. 김정희가 제주도에 유배를 갔을 때 그린 그림으로 조그만 집 하나, 앙상한 고목의 가지에 듬성듬성 잎이 매달린 소나무 하나, 그리고 나무 몇 그루를 그렸다. 유배의 외로움이 짙게 묻어나는

수 아름드리 측백나무 고목, 군락이 보호받고 있다

작품이다. 이 그림을 보노라면 작품의 이름처럼 한기에 몸이 오돌오돌 떨린다.

김정희의 제주도 유배 시절, 제자 중 하나인 이상적(1803-1865)이 김정희를 찾아오기도 하고 구하기 힘든 중국 고서를 수집하여 보내 주었다. 〈세한도〉는 김정희가 이상적에게 고마움을 표시하고자 그려준 그림이다. 이 이야기에 등장하는 소나무와 잣나무는 참된 선비의 가야 할 길을 잘 대변한다. 우정과 의리, 지조를 지키기는커녕 배신과 음모가 횡횡하는 작금의 세태에 세한도의 발문은 많은 생각을 하게 한다. 세한이란, 추운 겨울이란 뜻이다. 이 발문은 양평 두물머리 세미원 세한정의 담벼락에 새겨진 글을 옮겼다.

지난해에는 만학집과 대운산방집 두 가지 책을 보내왔더니 올해에는 백이십 권이나 되는 우경문편을 또 보내 주었네. 이런 책들은 흔히 구할 수 있는 것이 아니라 천만리 머나먼 곳에서 사들인 것으로 한때 마음이 내켜 할 수 있는 일이 아니네.

또한 세상의 도도한 인심은 오직 권세와 이익을 좇거늘 이렇듯 마음과 힘을 다해 구한 소중한 책들을 권세와 이익을 위해 사용하지 않고 바다 멀리 초췌한 늙은이에게 보내 주었네. 마치 세상 사람들이 권력가들을 떠받들 듯이 말일세.

태사공께서는 "권세와 이익으로 어울린 사람들은 권세와 이익이 다

하면 서로 멀어지게 된다"고 하셨네. 그대 또한 세상의 도도함 속에 사는 한 사람일진대 그 흐름에서 벗어나 초연히 권세 위에 곧게 서서 권세와 이익을 위해 나를 대하지 않았네. 태사공께서 하신 말씀이 틀렸단 말인가.

공자께서는 "날씨가 추워져 다른 나무들이 시든 후에야 비로소 소나무와 잣나무의 푸름을 알게 된다"고 하셨네. 소나무와 잣나무야 시들지 않고 사시사철 변함없지 않은가. 추워지기 전에도 송백이요, 추워진 후에도 그대로의 모습이니 성인께서는 추워진 후의 소나무와 잣나무의 푸름을 특별히 말씀하신 거라네. 그대가 나를 대하는 것은 이전에 높은 지위에 있을 때라 하여 더 잘하지도 않았고 귀양 온 후라 하여 더 못하지도 않았네.

이전에 나를 대하던 그대는 크게 칭찬할 것이 없었지만 지금의 그대는 성인의 칭찬을 받을 만하지 않은가. 성인께서 소나무와 잣나무를 특별히 일컬으신 것은 단지 시들지 않는 곧고 굳센 정조만이 아니라 추운 계절에 마음속 가득 느끼신 무언가가 있어서 그러하셨을 것이네.

아아! 서한 시대 그 순박한 때에 급암과 정당시 같은 어진 분들도 그들이 성하고 쇠함에 따라 찾아오는 손님이 많아졌다 적어졌다 하였네. 오죽하면 하비 사람 적공도 야박한 인심이 극에 달했다고 대문에 써 붙였겠는가?

- 슬픈 마음으로 원당 노인 쓰다

북경 천단공원의 측백나무 고목

김정희의 발문과 같이 매서운 겨울에도 그 기상을 지키며 변하지 않는 청정한 나무를 소나무와 잣나무로 알고 있다. 극한의 상황이 되어보아야 인간의 됨됨이를 알 수 있다는 이야기다. 한국인의 인기 1위를 왜 소나무가 차지하는지 이해가 되는 대목이다. 그러나 공자가 주유하던 시대의 백(柏)은 잣나무가 아닌 측백나무를 지칭하는 것으로 알려져 있으며 중국에는 잣나무가 흔하지 않아 학자 간에 논쟁이 되는 나무다.

후대의 번역상 문제인가, 아니면 한국에 잣나무가 흔하여 나타난 문제인가는 분명하지 않다. 중국의 궁궐이나 황제의 무덤 등 역사적 중요 장소에 잣나무는 보이지 않지만 측백나무가 대거 자라고 있는 것은 한국과 다른 모습이다. "겨울이 되어서야 소나무와 측백나무는 시들지 않는다는 것을 알게 된다"라고 고쳐야 할지도 모른다.

공묘에 심겨 있는 향나무와 측백나무, 권력을 나타내는 상징이다

금강송으로 불리는 소나무 군락,
대통령도 찾아간 대관령 소나무 숲

마로니에공원에
마로니에가 없다고?

70년대 유명세를 누린 가수 박건의 〈그 사람 이름은 잊었지만〉이란 노래가 있다.

"루루 루루 루 루 루루 루루루루루
지금도 마로니에는 피고 있겠지
눈물 속에 봄비가 흘러내리듯
임자 잃은 술잔에 어리는 그 얼굴 아~ 청춘도 사랑도
다 마셔 버렸네
그 길에 마로니에 잎이 지던 날
루루 루루루 루 루루 루루루루루
지금도 마로니에는 피고 있겠지"

당시에는 이 노래 속의 마로니에가 어떻게 생긴 나무인지 몰랐다. 대학을 다니며 학식이 풍부한 사람들이 노래하는 멋진 나무로, 프랑스 몽마르트르에나 있다는 나무로 알았다.

덕수궁 석조전 뒤편에 자라는 마로니에, 한국 이름은 가시칠엽수다

필자가 지금 그 나무를 떠올린 것은, "이 열매가 신품종 밤인가요?" 하면서 알밤과 흡사한 열매를 들고 찾아온 이웃 때문이었다. 그의 손에는 알밤처럼 생긴 열매가 서너 개 들려 있었다. 그 이웃의 설명은 "나무를 보면 밤나무는 아니고 열매가 꼭 밤을 닮아 주워 왔는데 먹을 수 있는 것인지 궁금하다"는 것이다. 이웃이 들고 온 열매는 칠엽수 열매였다. 약용으로는 사용하지만, 밤처럼 생으로 먹을 수는 없다. 열매에 독성이 있어서 각별한 주의가 필요한 열매다.

칠엽수 열매가 익는 시기는 9월 초중순으로 밤 익는 시기와 비슷하다. 칠엽수는 이름처럼 일곱 갈래로 갈라지는 넓은 잎에 낙엽이 지는 큰 키나무로 느티나무처럼 크게 자란다. 4~5월이 되면 원뿔 모양의 꽃이 피고 꿀을 잔뜩 머금고 있어 양봉농가의 사랑도 듬뿍 받는다. 여름에는 시원한 그늘을 지어주고 가을에는 노란 단풍으로 곱게 물든다. 다만 한국에서 부르는 칠엽수와 프랑스 이름을 가진 마로니에는 둘이 한자리에 있으면 구별되지만, 일반인들이 이 나무를 구분하기란 쉽지 않다.

칠엽수의 학명은 [Aesculus turbinata Blume]이지만 한국에서는 흔히 칠엽수를 원산지 일본을 앞에 붙여 '일본칠엽수'라고도 부르고 '마로니에'로 알려진 유럽산 칠엽수를 '가시칠엽수[Aesculus hippocastanum L.]'라고 구분하여 부른다. 잎과 외모는 쉽게 구별이 안 된다. 열매가 달리면 칠엽수는 호두 모양으로 맨질맨질한 열매가 달리고 익으면 겉껍질이 벌어지면서 알밤 모양의 열매가 튀어나온다. 이에 비해 유럽산 마로니에는 열매 겉껍질에 가시가 듬성듬성 나 있다. 이런 특징이 있어 마로니에라는 프랑스 이름을 가진 칠엽수를 '가시칠엽수'라 부른다.

흥미로운 것은 대학로 마로니에공원에 마로니에가 없다는 것이다. 경성제국대학 시절 일본인 교수가 일본 원산의 칠엽수를 이곳에 심었다

마로니에공원의 이름이 된 일본칠엽수

고 하는데 이 소문이 사실일까? 필자는 몹시 궁금했다. 나무 이야기 중 궁금한 것이 있으면 확인해야 직성이 풀리는 성격이 도졌다. 그길로 마로니에공원으로 달려갔다. 직접 그 나무를 보고 싶었다. 공원 중앙의 가장 큰 나무를 찾아갔다. 1975년 대학이 관악으로 이전했다는 표석과 함께 일본칠엽수는 마로니에공원 중심에서 거대한 위용을 자랑하고 있다. 함께 숲을 이루고 있는 은행나무와 느티나무도 있었지만 일본칠엽수만 한 거목은 보이지 않는다. 백여 년은 족히 살아온 모습이다.

주변을 꼼꼼하게 살펴보았지만 총 7그루는 일본칠엽수이고 마로니에는 2그루가 눈에 띄었다. 나무가 서 있는 위치나 크기로 보면 마로니에는 훗날 추가로 심은 모습이다. 아~ 저 일본칠엽수가 마로니에공원의 주인으로 불렸구나! 일본칠엽수의 우람한 모습이 다른 나무들을 압도하고 있다. 열매를 살펴야 어느 정도 구분이 되는 칠엽수와 마로니에는 저마다의 열매를 달고 한 잎 두 잎, 잎이 지고 있었다.

마로니에공원의 일본칠엽수에 당혹감을 느낀 필자는 국내에 살고 있는 진짜 마로니에를 찾아 나섰다. 그러나 마로니에라고 하여 찾아간 곳은 대부분 일본칠엽수였다. 한국에서 가장 크고 확실한 마로니에가 있는 곳은 덕수궁이다. 네덜란드 공사가 고종에게 선물한 묘목으로 알려져 있다. 덕수궁 석조전 왼쪽 뒤에 있는 2개의 거목이 바로 주인공으로 1913년에 선물했다는 기록으로 보면, 확인된 수령이 100년을 넘는다. 지금도 우람 장대하게 그 위용을 드러내고 있다. 4월 말부터 5월이면 마로니에 꽃이 한창 피어나는 철이다.

✧✧

임진왜란 최초 승전지 팔대장림

여주 중심에는 여강이라고도 불리는 남한강이 흐른다. 여주는 남한강을 따라 희비와 성쇠가 교차해 온 역사와 문화가 충적된 고을이다. 여주의 자랑이라 할 수 있는 여주팔경에는 강변의 아름다움이 다수 나타나 있다. 여주팔경(驪州八景)으로 전해 내려오는 여덟 가지 정경에는 배를 타고 강 위에서 보는 아름다운 배경이 인상적으로 다가온다. 여주팔경을 하나하나 둘러보기로 하자.

제1경 '神勒暮鍾(신륵모종)'

하루를 마감하는 저녁, 신륵사에서 울려 퍼지는 은은한 종소리.

제2경 '馬巖漁燈(마암어등)'

어둠이 내리면 마암 앞 강가에 고기잡이배의 등불이 강물 위에 일렁이는 모습이 아름다웠다고 한다. 지금은 주변을 밝히는 조명 때문에 더 이상 옛날의 운치를 찾아보기란 어렵다.

제3경 '鶴洞暮煙(학동모연)'

저녁밥 짓는 연기가 모락모락 피어오르는 강 건너 학동의 모습은 너무도 평화로운 정경이다. 아파트의 숲이 새로운 경관을 연출하고 있다.

제4경 '燕灘歸帆(연탄귀범)'

돛을 높이 올린 돛단배가 저녁노을을 배경으로 제비여울에 귀가하는 여주만의 모습이다. 여울은 사라졌지만 붉은 저녁노을이 물드는 강 위에 떠 있는 황포돛배의 모습은 새로운 정경을 연출한다.

제5경 '洋島落雁(양도낙안)'

양섬 강변에 기러기 떼가 줄지어 날다가 내리고 앉는 모습은 참으로 아름답다. 지금도 양섬에서 다양한 조류의 군무를 만날 수 있다.

제6경 '八藪長林(팔수장림)'

오학리 강변의 아름답고 무성한 숲이 강에 그림자를 비추는 풍성한 숲이 있었다고 하나 지금은 찾아볼 수 없는 역사 속의 숲이다. 팔대수, 팔대장림으로도 불린다.

제7경 '二陵杜鵑(이릉두견)'

영릉과 녕릉 숲에서 두견새의 노랫소리는 지금도 들을 수 있다.

제8경 '婆娑過雨(파사과우)'

파사성에 여름철 소나기 스치는 광경을 본다면 이 또한 한 폭의 그림일 것이다.

이상은 전하여 오는 여주팔경을 필자가 재해석한 것이지만 지금은 사라져버린 풍경이 있는 것은 매우 안타까운 일이다.

여주 지역은 다른 지방과 달리 특정한 건물이나 풍광이 아니라 일상의 아름다운 모습을 지역을 대표하는 경관으로 제시하고 있어 놀랍다는 의견이 더러 있다. 이러한 관점은 여주가 당시 교통의 주요 요충지였다는 점을 알려주는 징표이기도 하다. 지금은 육로가 발달해 있지만, 옛날에는 나라님이 계신 한양으로 향하는 길에 여주가 뱃길의 주요 거점으로 알려져 있었다.

여주가 국토의 요지라는 증거는 임진왜란 때에도 잘 드러나 있다. 파죽지세로 밀고 오던 왜군이 문경새재를 넘는다. 충주 탄금대에서 신립 장군이 이끄는 결사대를 돌파하고 한양으로 달려오다 여주에서 혼쭐이 난다. 남한강 변 팔대장림(八大長林)에서 원호 장군이 이끄는 조선 병사들이 길목을 막은 것이다. 왜란으로부터 백성의 생명을 지킨 최초의 승전지가 여주팔경 중 하나인 팔대숲(팔대장림)이다. 강변에 있던 그 숲의 그림자가 강물에 비치는 아름다운 풍광뿐만 아니라 역사적 사실이 살아 있는 호국의 숲이자 승리의 숲이다.

팔대장림은 길이 4km 폭 400m에 달하였던 강변 숲으로, 고지도인

〈광여도〉에 기록되어 있으며 숲의 이름이 지도에 표기되는 경우는 매우 이례적이라는 평가하는 학자도 있다. 조선에서 보기 드문 특별한 숲이었다는 것이다. 필자의 우둔한 견해로는 왜적을 물리친 최초의 승전지라 특별히 표시된 것이 아닐까 한다. 이러한 팔대장림이 자취를 찾아보기 어렵다는 것은 후손으로서 매우 부끄러운 일이다.

임진왜란 최초 승전지로 알려진 팔대숲에서 왜군을 격파한 원호 장군 전승비

조선왕조 세종실록 11권, 세종 3년 2월 27일 경신년 기록에는 "여흥(驪興) 팔대숲[八代藪]에서 점심을 먹는데 술을 차리니, 효령대군 이보·우의정 이원 등이 모시었다"라는 기록이 있다. 팔대숲은 이미 조선 이전에 조성된 숲이며 세종과 대군들이 이곳을 다녀갔다는 아름다운

숲이다.

현대를 살아가는 인류에게 숲이 필요함을 새삼 역설할 필요는 없지만, 팔대장림은 나라를 지킨 숲이며 왜란으로부터 백성을 지킨 숲이다. 그리고 왜군을 격파할 수 있다는 자신감을 심어준 승리의 숲이다. 간악한 침략자를 최초로 격파한 팔대장림은 마땅히 복원되어 국난극복의 교훈으로 삼아야 한다.

✧

크리스마스와 전나무

찬바람이 낙엽을 몰고 다니는 12월 거리의 중심부에 큰 나무가 등장한다. 푸른 상록수에 무수히 반짝이는 불빛은 겨울이 깊어 가는 것을 알린다. 크리스마스와 새해가 다가오는 것을 알리는 크리스마스트리다.

크리스마스는 한국의 기준으로 보면 일 년 중 가장 강력한 추위가 다가오는 때다. 이러한 겨울을 추워서 좋다는 사람도 있다. 자신의 색깔이 분명함을 찬양하고 싶다는 것이다. 펄펄 내리는 함박눈이 관광 상품이 되기도 하는 계절인 것을 보면 한국은 축복받은 나라다.

겨울이 지나면 환희의 봄이 있고, 왕성한 성장을 돕는 여름이 있다. 여름의 노고를 보상하는 결실의 가을은 뭍 생명을 더욱 풍성하게 한다. 그러나 묘하게도 가을에는 꽃 피는 봄을 추억하고 겨울은 여름의 푸름과 싱싱함을 그리워한다. 충족된 그것보다는 부족한 것을 갈구하는 것이 생명의 속성인 것 같다.

때맞추어 크리스마스트리에 빼놓을 수 없는 것이 있으니 다름 아닌 늘 푸른 나무다. 다른 나무들이 잎을 떨구고, 겨울을 감내할 때 푸르름을 잃지 않고 당당히 겨울을 이겨내는 나무가 경이로움을 선사한다. 그 중에도 크리스마스트리로 주목받는 나무가 전나무다. 전나무는 사계절 늘 푸른 나무로 그 자람이 깨끗하고 꼿꼿하다. 하늘을 향하여 우뚝 솟아오른 모습은 장쾌하다. 좌고우면하는 고뇌의 흔적 없이 오직 하늘을 향하여 자라 오르는 모습은 목표 지향적임은 물론 하늘을 찌를 것 같은 기세로 생명수의 상징이기도 했다.

지금은 큰 나무를 베어 나르기가 쉽지 않아 인조 목을 쓰는 경우가 많이 있지만, 화분에 심은 전나무가 가정의 크리스마스트리로 인기를 끌기도 한다. 무엇보다도 전나무가 국민의 마음속에 가까이 와 있는 것은 크리스마스를 장식하는 나무로서가 아닐까? 거리마다 12월 성탄절

전나무와 비슷한 한국 고유종인 구상나무의 열매(Abies koreana Wilson)

이 다가오면 크리스마스트리를 만들고 고귀한 장식을 하여 저물어가는 해의 아쉬움과 새해에 대한 희망을 이야기한다.

특정 종교와 무관하게 이를 즐기는 것이다. 겨울철 많은 상록수 가운데에서도 전나무가 크리스마스트리로 선택된 것은 나무 자체가 수려한 것도 있지만 북유럽 켈트족의 전나무를 신성시하는 문화가 깔려 있다. 켈트족은 전나무를 장식하는 전통이 있는데 다음과 같은 일화가 전하여 온다.

오랜 옛날 북유럽에 나무꾼과 딸이 살고 있었다. 이 산골 소녀는 순박하고 마음씨가 착하여 숲을 몹시 사랑하고 늘 숲속의 요정들과 함께 놀았다. 그러나 흰 눈이 덮이는 추운 겨울날이 되어 밖에 나갈 수 없을 때는 요정들을 위해 창밖의 전나무 아래 촛불을 켜두곤 했다. 그러던 어느 해 이 소녀의 아버지는 숲속으로 나무를 하러 들어갔는데 눈이 많이 내리고 어두워지는 바람에 숲속에서 길을 잃고 헤매게 된다.

추운 겨울에 큰 위험이 닥치게 된 것이다. 이 나무꾼은 사력을 다해 불빛이 비치는 곳을 향하여 길을 찾아 걸었다. 없어진 불빛은 다시 나타나고 몇 번인가를 거듭한 끝에 나무꾼은 자기 집 전나무 밑에 촛불이 반짝이는 곳까지 무사히 찾아오게 되었다는 것이다. 숲속의 요정들이 마음씨 착한 소녀의 아버지를 보호하기 위해 숲속에서 빛을 만들어 이 나무꾼이 집을 찾을 수 있도록 인도하였다. 이날이 마침 크리스마스이브였다고 전한다. 그 후 크리스마스이브에는 전나무에 반짝이는 등과 예쁜 장식을 하게 되고 지금의 크리스마스트리로 자리 잡게 되었다고 한다.

그러나 여러 나라에 걸쳐 있는 크리스마스트리의 일화는 나라 수만큼이나 많은 이야기가 있다. 또 다른 이야기는 독일의 종교개혁가 마틴 루터(Martin Luther)가 처음으로 시작했다는 이야기도 있다. 크리스마스 전날 밤 별이 빛나는 하늘을 향하여 전나무가 서 있는 모습이 루터의 마음속에 깊은 감명을 주었다는 것이다. 그는 전나무의 끝이 뾰족하여 마치 하늘에 계신 하나님께로 향하는 기도하는 손처럼 보여 이와 같은 나무를 준비하여 자기 집 방에 세우고 거기에 별과 촛불을 매달아서 장식했는데 이것이 오늘날 우리에게까지 전해 내려오는 크리스마스트리의 시작이라는 것이다.

전나무 숲길, 부안 내소사 가는 길

전나무는 한국의 사찰 주변에서도 많이 찾아볼 수 있으며 그 모습이 우람 장대하여 신성한 대접을 받는 나무로 꿈을 간직한 사람들에게 정진의 표상으로 남는 나무다.

✧

300살 청춘나무 회양목

멀쩡하게 자라던 나무가 크기가 줄어든다면 믿을 수 있을까? 워낙 더디 크는 나무라 "윤달이 든 해에는 나무가 줄어든다"라는 이야기까지 전하여 오는 나무가 있으니, 바로 회양목이다. 지금은 조경수로 극진한 사랑을 받는 나무가 회양목이지만 흔히 '도장나무'라고도 불린다. 나무 생장이 느려 매우 더디게 자란다. 이런 연고로 목질은 치밀하고 단단하다. 그래서 고급 조각이나 도장을 새기는 재료로 많이 사용된다. 자연스럽게 회양목이라는 나무 이름보다 쓰임새가 많은 '도장나무'라 이름도 얻게 되었다.

한국 최고의 도장나무가 경기도 여주시 세종대왕면 왕대리 효종대왕릉 재실에서 자라고 있다. 이 회양목은 약 340살의 나이로 추정되고 있다. 그러나 나무를 보면 팔팔한 청년 티가 그대로 난다. 아주 싱싱한 모습이다. 동년배의 다른 나무와는 비교 자체가 되지 않는다. 한눈에 보이는 이 나무는 아직도 왜소하고 작게만 보인다. 그냥 보기에는 무슨 340살이냐고 의구심이 들 정도다.

문화재청이 이 나무를 조사했는데, 300여 살 나이에 키 4.7m, 땅과 나무가 맞닿는 곳(근원경)의 둘레가 지름 72센티라 한다. 다른 나무들과 견주면 새파란 애송이 같다. 보통의 나무들은 300년 정도를 자라게 되면 고목의 티가 나는데…. 이곳의 회양목은 효종대왕릉이 1673년 조성되면서 재실 마당에 터를 잡고 살아왔다. 효종대왕릉의 역사를 지켜보며 340여 년을 살아온 역사의 산증인이다.

보통의 나무들이 300살이라면 주름이 깊어진다. 나무 허리에 동공이 생기고 만고풍상을 겪은 티가 나타난다. 그러나 이 회양목은 아주 젊은 모습이다. 340여 살 나이에 그토록 젊을 수 있는 것이 오히려 더 매력적이다.

재실 경내에 이웃하고 있는 동년배로 추정되는 느티나무는 고색창연하다. 살아온 삶이 지쳐 보인다. 세상 풍파를 견디어 오느라 큰 수술 자국도 남아 있다. 몸을 의지하느라 지팡이도 짚고 있다. 그래서 더욱 비교된다. 340여 살의 나이에도 어린이 같은 모습의 회양목이 더 돋보인다. 그야말로 청춘처럼 보이는 어르신 나무다. 여주 효종대왕릉의 회양목은 단연 한국 최고령이자 최고의 큰 회양목이다. 경기도 수원 용주사에도 천연기념물 회양목 한 그루가 살았었다. 그러나 안타깝게도 이 나무는 얼마 전에 그만 고사하고 말았다.

회양목은 작은 키에 늘 푸른 나무로 조경공사나 정원의 가장자리에 많이 심긴다. 학교의 화단에 둥근 모양으로 가꾸거나 직사각형 형태의 모습도 하고 때에 따라서는 모둠으로 심어 글씨 모양으로 식재도 한다.

300살이 넘은 회양목, 늘 푸른 청춘이다

효종대왕릉의 회양목처럼 크게 자란 나무는 다른 장소에서 보기는 힘들다. "등잔 밑이 어둡다"라고 했던가? 여주에 희귀한 수목이 천연기념물 459호로 보호받고 있는데 정작 여주사람도 잘 모르는 것 같다.

회양목은 석회암지대를 좋아한다. 남한에서는 시멘트 생산지로 유명한 단양 영월 등지에서 집단으로 생육하는 곳이 발견되고 있다. 회양목은 순수한 한국 자생종이다. 나무에는 향명이라 하여 그 식물이 많이 나거나 잘 자라는 지역의 이름을 붙여 부르는 경우가 있다. 춘양목, 울진금강송, 풍산가문비, 설령오리나무 등이 있다. 회양목이라는 이름 역시 지금은 북한 땅인 강원도 회양(淮陽)의 지명을 붙여 회양에 많이 나는 나무라 회양목이란 이름이 생겼다고 한다. 그러나 궁금한 것은 300여 년 전 회양목을 왜 이곳 효종대왕 재실에 심었을까? 하는 것이다. 그 사연을 유추해보자.

지금이야 회양목의 사용 용도가 많이 변화되었지만, 회양목은 조선시대에 매우 요긴한 나무였다. 더디게 자라는 만큼 이 나무는 재질이 치밀하고 균일하며 광택이 난다. 고급 조각재로 쓰였으며 초시에 합격한 진사나 생원이 신분을 나타내는 호패의 재료로 쓰이게 된 나무가 바로 이 회양목이었다고 한다. 색깔 또한 노란색을 띠어 한자로는 황양목(黃楊木)이라 부른다. 황양 호패란 회양목으로 만든 호패를 부르는 용어다.

물론 고관 귀족들은 상아나 뿔을 이용한 고급 호패를 가지고 다녔지만, 신분이 낮은 다수의 사람은 이 회양목에 이름과 출생 연월일을 새겨 신분증으로 이용한 것이다. 지금은 플라스틱 카드로 된 신분증이 대세를 이루고 있지만, 조선시대의 생활상으로는 이 호패가 있어야 자신의 신분을 표시할 수 있었다고 한다.

수요는 많고 공급이 달리자 관청에서는 이 나무를 확보하기 위하여 공물로 받기까지 이른다. 백성은 회양목 계까지 만들고 공납하는 과정에서 우리나라에 자생하던 큰 회양목은 모두 사라져버렸지 않나 하는 아쉬움이 있다.

회양목은 양지나 음지를 가리지 않고 꾸준히 자라는 나무다. 생장은 느리지만 가혹한 환경도 가리지 않고 묵묵히 자라는 나무, 느림의 미학을 실천하는 나무가 바로 회양목이 아닐까? 이 나무의 꽃말도 극기와 냉정이다. 나무의 성질을 잘 나타내고 있다.

조선조의 17대 왕인 효종대왕은 왕자 시절 병자호란의 참화로 청나라에 인질로 잡혀가게 된다. 삼전도의 굴욕과 왕자로서 인질의 생활은 인내와 고통을 요구하는 시간이 아닐 수 없다. 훗날 인질에서 풀려나 조선으로 돌아와 소현세자의 뒤를 이어 세자에 책봉되고 왕위에 오르게 된다.

이렇게 왕위에 오르게 된 효종은 병자호란의 치욕을 씻고 한민족의 융성을 위해 힘을 기르고 북벌의 칼을 간다. 역사에 가정이 없다고는 하지만 이때 효종대왕이 북벌을 감행, 오랑캐를 물리치고 만주벌판을 통일했다면, 우리 민족의 역사는 어떻게 달라졌을까? 만주벌까지 통일, 생각만 해도 가슴이 벅차다. 효종대왕의 원대한 꿈은 분단의 아픔을 겪으며 살아가는 현대인에게 시사하는 바가 크다. 효종대왕은 북벌의 꿈을 이루지는 못하였지만, 우리 민족의 자주국방을 외치고 실천한 기개가 넘치는 대왕이었음을 두말할 것이 없다.

오늘날 효종대왕릉의 회양목은 효종대왕을 대변하는 듯하다. 북벌의 대업을 이루지 못하고 승하한 효종대왕릉 구역에 어떤 환경에도 굴하지 않고 340여 년을 하루와 같이 자라고 있는 것은 결코 우연이 아니라는 생각이 든다. 릉 구역의 회양목은 만주벌까지 통일되는 그날을 보기 위해 그 생을 잠시도 멈추지 못하는지도 모른다. 작지만 옹골차고 강한 나무, 모진 환경에 굴하지 않는 회양목이 자주국방의 웅대한 포부를 가졌던 효종대왕릉을 지키고 있다. 통일을 넘어 다물의 그날까지….

한국 최고 어른 나무,
주목

우리가 살아가고 있는 지구상에는 무수한 생명체가 존재한다. 내일을 모른다는 하루살이가 있는가 하면 수천 년을 살아가는 다양한 생물들이 살아가며 생멸의 기간을 달리하고 있다. 만물의 영장이라는 인간은 100여 년을 살 수 있다고 한다. 삶의 의욕을 잃고 스스로 자신의 생을 마감하는 사람도 있지만, 대다수 인간은 불로장수를 꿈꾼다. 불로장수와 부귀영화를 누리려는 것은 인간의 오랜 욕망이기도 하다.

세상 권력의 중심이라던 진시황제는 오래 살고자 불로초와 불사의 명약을 구하러 많은 사람을 파견하였지만 성공하지 못했다고 고전은 전해 온다. 과연 이 지구상에서 가장 오래 살아온 생명체는 무엇일까? 오래 살아왔다면 얼마나 살았을까?

이미 짐작하셨겠지만 가장 오랜 기간 생명을 유지하는 생명체는 나무다. 몇백 년 살아온 나무는 흔하고 몇천 년을 살아오는 나무가 있다. 오래 살아야 100년인 인간들은 수천 년을 살아온 나무를 경이롭게 바라볼 수밖에 없을 것이다. 나의 할아버지의 할아버지가 살아온 시대에도 살았고 인류의 역사가 기록되기 이전부터 살아온 나무가 있으니, 강인한 나무의 생명력에 놀라지 않은 수 없다.

그동안 지구상 최고령 나무가 나이 2,500살 정도로 알고 있던 식물학계에 일대 광풍이 일었다. 그 나이의 배를 살아온 나무가 발견된 것이다. 1957년 에드먼드 슐만이라는 식물학자는 이 경이로운 나무에게 성경에 등장하는 최장수 인물인 므드셀라(Methuselah, 969세의 수명을 누린 족장)라는 이름을 붙여주었다.

이 나무는 미국 서부 시에라네바다 산맥의 화이트 산지에 있는 브리슬콘 소나무의 일종으로 알려져 있다. 당시 나무로 최고령이며, 측정 당시 4,765살이었다고 전한다. 단군 할아버지가 고조선을 세우기 전부터 살아온 셈이니 어찌 놀라지 않을 수 있으랴.

므드셀라는 100년에 고작 3㎝밖에 굵어지지 않는 등 워낙 느리게 성장하는 것이 장수의 비결이라고 하는데 이 나무가 자생하는 환경은 해발 3,000m에서 3,300m로 식물이 살아가는 데는 극한의 조건을 갖추고 있다고 한다. 춥고, 건조하며 메마른 땅에서 생명을 지탱하고 있다. 아이러니하게도 최악의 조건이 장수의 비결인 셈이다. 풍요와 넉넉함을 추구하는 현대인들이 장수를 원한다면 깊이 생각해볼 대목이다.

그러나 이 나무의 최고령 기록이 다시 깨진다. 2004년 스웨덴 우메오대학의 라이프 쿨만(Leif Kullman) 교수팀은 다라나(Dalarna) 지방 푸루(Fulu)산에서 키 4m 정도의 스웨덴 가문비나무를 3그루 발견했다. 방사성탄소연대측정법으로 나이를 감정한 결과, 수령이 9,550년으로 밝혀졌다. 지금까지 지구상에 발견된 가장 오래된 나무다. 나이를 조사한 결과 나무로 보이는 윗부분은 600여 년으로 감정되었지만, 그 뿌리는 적어도 9,550년이나 성장을 계속하고 있었다고 과학자들이 연구결과를 전하고 있다. 사실이라면 교과서를 새로 써야 할 놀라운 발견인 셈이다.

스웨덴에서 발견된 이 나무는 줄기가 죽으면 동시에 뿌리에서 새로운 줄기가 재생되어 나온다고 한다. 앞으로 얼마나 더 오래 산 생명체가 등장할지 모르지만 일만 년 전의 생명체가 살아 있다는 것은 지구 역사에 많은 수수께끼를 던져준다. 그렇다면 한국에는 얼마나 오랜 기간을 살아온 생명체가 있을까? 그 생명체를 찾아가 보자.

우리나라도 예외는 아니다. 생명체 중 가장 긴 세월을 살아온 것은 역시 나무다. 그렇다면 과연 그 나무는 어느 나무며 어느 곳에서 어떤 모습으로 살아가고 있을까? 일반에 널리 알려져 있기는 울릉도 도동의 향나무가 2,000살로 추정되는 나이를 살아왔다고 전해지고는 있으나 정확한 근거를 제시하기는 어렵다.

울릉도의 향나무는 태풍으로 가지가 부러져 나갔으며 사람이 접근하기 어려운 암벽 위에 위치하여 일반인들이 접근하기가 쉽지 않은 지역에 살아가고 있다. 이 외의 나무를 찾는다면 천연기념물로 정해져 많은 사람에게 사랑받는 나무가 용문사의 은행나무다. 이 은행나무는 1,100년 정도의 나이를 가진 것으로 추정하고 있다.

창경궁의 주목, 지금은 볼 수 없다
S대 정문과 같다고 해서 이 나무 아래를 통과하면 합격한다는 속설이 있다

국내 최고로 알려진 이 은행나무보다 300살이나 더 어른인 나무가 있어 흥미를 더하고 있다. 이 나무는 강원도 정선군 두위봉의 주목으로 산림청의 전문가들이 나서서 과학적인 방법을 동원하여 나이를 측정하였다고 한다. 1,400여 년을 이 땅에서 왕성하게 살아가고 있는 한국 최고의 생명체이다.

'살아서 천년, 죽어서 천년'이라는 이름으로 알려진 주목이 그 유명세를 자랑하고 있는 것이다. 살아서도 오래 살고 이 나무는 죽어서도 오래오래 간다는 뜻이다. 고산의 봉우리 부분에 서식하는 이 나무는 죽은 뒤조차 귀하게 여김을 받다 보니 사람들의 인기를 누리면서 더욱 수난을 당한다.

베어 나르고 몰래 캐어 나르고 주목이 좋아하던 땅을 떠나 재력 있는 호사가의 손에서 또 다른 호사가의 손으로 넘겨지는 귀한 신분이 되었으나 나무로서는 피곤하기 이를 데 없는 위험천만한 일이 아닐 수 없다.

이제는 묘목을 길러내는 기술이 발달하여 대량의 묘목이 생산되고 고관대작의 기념식수에 단골손님으로 대접받기에 이르렀으며 조경 사업가의 주머니를 두둑하게 해주는 인기 있는 수목으로 자리하고 있다.

사정이 이렇다 보니 깔끔하게 정리된 정원이나 건물 주변에서 쉽게 만날 수 있는 많이 흔해진 나무가 되었다. 그러나 모진 풍파와 눈보라, 극한의 기후조건을 이겨내고 1,400여 년을 묵묵히 자라온 나무를 만난다는 것은 흔한 일이 아니다. 하얀 눈이 허리쯤 차는 산 정상에 하늘 향해 두 팔 벌린 주목의 위용은 또 다른 감흥을 선사한다.

꽃보다 아름다운 주목의 열매

절로 감탄사가 나온다. 나무가 오래 살면 이처럼 신비스럽구나! 1,400여 년 전에 태어난 생명체와 대화를 나누어 보자. 삼국시대 고구려, 백제, 신라가 한반도에서 각축을 벌이던 시절 그 옛날의 깊은 속 이야기를 이 주목은 굽어보고 있는 듯하다.

4장

보고도 모르는 나무의 비밀

✧

산딸나무는 IQ가 있을까?

산딸나무, 이 나무는 이름처럼 열매 모양이 흡사 딸기처럼 생겼다. 층층나뭇과에 넓은 잎을 가지고 있으며 낙엽이 지는 중간 키 나무로 5~10m 정도 자란다. 산속이나 계곡 주위 등 어디서나 비교적 잘 자라며 꽃 모양이 특이하고 열매가 독특하여 관상수로 주목받고 있는 나무다. 꽃은 5월 하순부터 6월 상순에 피어난다. 네 장의 꽃잎이 서로 마주 보며 붙어 있다. 커다란 흰 꽃이 여러 개씩 층층으로 핀다. 본래 4장의 흰색은 꽃잎이 아니다. 잎이 변하여 포엽이라 불리는 꽃받침인데 꽃처럼 보인다. 이렇게 위장을 하고 있으면 벌과 나비 등 여러 곤충이 쉽게 꽃으로 날아든다.

산딸나무의 꽃잎을 보면 서로 마주 보고 있는 모습이 십자가처럼 보인다. 예수님이 십자가에 못 박혀 돌아가실 때 이 나무로 십자가를 만들었다고도 하지만 진위는 알 수 없다. 신비하게도 넉 장의 꽃잎이 십자가를 닮아 유럽 등 여러 기독교 국가에서는 산딸나무를 성스러운 나무로 모신다. 정원수로, 공원수로 인기가 있음은 물론이며 기독교 계통의 기념적 장소에는 특별히 관리받는 성스러운 나무로 자리 잡고 있다.

가을에 익는 빨간 딸기 모양의 열매는 독특하다. 맛도 감미로워 생식할 수 있으며 사람들뿐만 아니라 새들의 좋은 먹잇감이다.

이쯤에서 산딸나무의 지혜에 대하여 칭찬 좀 하고 넘어가자. 산딸나무뿐만 아니라 식물이 가지고 있는 변화 능력을 살펴보면 감탄을 자아내기에 충분하다. 잎이 꽃처럼 변신하여 벌과 나비를 유인하는 지혜나, 달콤한

산딸나무 꽃, 하얀 십자가 위에 딸기가 놓인 모습

열매와 감미로운 향으로 동물을 끌어들이는 능력은 인간의 지능보다 우월해 보이기도 한다. 자기 삶을 위하여 최선을 다하고 있음을 느낄 수 있다.

움직일 수 없는 산딸나무로서는 생존과 번식을 위하여 동물의 도움은 필수적이다. 나무는 필사적으로 노력하고 변신해 진화한 것이다. 벌과 나비를 끌어들이든, 바람을 타고 날아가든, 흐르는 물을 타고 이동하든 자신의 생존 전략을 구상하고 실천에 옮기고 있는 영명한 생명체다.

산딸나무는 곤충과 동물을 끌어들이는 방향으로 진화한 나무다. 봄이면 잎은 꽃잎으로 변신하여 곤충을 모은다. 이렇게 모인 벌과 나비에게 수고의 대가로 꿀을 제공하고 나무는 수정하여 열매를 맺는다. 벌과 나비는 일용할 양식을 얻어간다. 주고받는 관계가 아니면 그 관계가 오래 지속되기 어렵다는 것을 산딸나무는 잘 알고 있다.

성숙한 열매를 만들기 위해선 잠시 에너지 축적이 필요하다. 성장기의 열매는 동물의 눈에 잘 드러나지 않는 녹색으로 성장한다. 다른 곤충의 피해를 예방하고자 독소도 머금고 있다. 생존본능에 충실하고 자기방어에 적극적이다.

익어가는 산딸나무 열매

열매의 성장기가 지나고 씨앗이 여물면 이내 자손을 퍼뜨려

아메리카 산딸나무의 독특한 무늬

야 한다. 그 자리에서 탈출하지 못하면 후일을 보장할 수 없다. 이때 먼 거리로 움직이기 위해선 동물의 힘이 필요하다. 나무는 또 한 번 변신한다. 열매의 색깔은 눈에 잘 띄도록 빨간색으로 변하고 멀리서도 잘 찾아오도록 향기도 발산한다. 새와 짐승은 이 열매로 허기진 배를 채우고 에너지를 얻는다. 산딸나무는 동물들 덕분에 먼 곳으로, 먼 곳으로 자기 자손을 퍼뜨린다.

식물의 자손을 퍼뜨리는 일에 사람도 예외일 수 없다. 산딸나무는 한방에서 약으로 쓰인다. 열매도 먹고 차로도 마시고 과일주도 만든다. 다양한 쓰임새가 있다. 지혜로운 인간이 산딸나무를 이용한다고 하지만 산딸나무는 자신의 생존을 위하여 그 지혜로운 인간을 잘 활용하고 있다.

산딸나무가 살아가는 전략은 인간의 지혜와 별반 다름이 없다. 시기적절하게 꽃을 피우고 열매를 맺으며 그 열매를 제공해야 자신이 번영할 수 있는 지혜를 터득하고 있는 '철이 든 나무'다. 보면 볼수록 식물의 지혜는 놀랍기만 하다.

스스로
몸을 태우는 나무?

자신만의 영역을 구분하고 그 영역을 침범받지 않으려는 마음은 동식물이 가지고 있는 본능으로 보인다. 사람이 서로 함께 어울려 살아가면서도 자신의 프라이버시를 지킬 수 있는 개인 공간이 있어야 하는 것처럼, 동물이나 식물도 자신만의 영역을 구분한다. 동물이 자기 몸에서 나오는 분비물로 자신의 영역을 표시하듯이 식물도 동물과 비슷하게 자신의 영역을 표시하는 것으로 알려져 있다.

나무는 살아 있는 동안 자신의 영역을 알리는 화학물질을 분비해 자신의 영역에 침투한 씨의 발아를 억제하는 기능도 가지고 있다. 소나무는 갈로타닌이라는 물질을 분비하여 일정한 영역 안에서는 다른 식물이 거의 자라지 못하도록 한다. 강력한 영역표시인 셈이다. 이런 식물 간의 저항 관계를 알레로파시(allelopathy)라 한다.

소나무 상처에서 분비되는 송진 같은 물질은 병원균의 침입을 차단하고 다른 식물의 접근도 막아내는 역할을 한다. 소나무처럼 특정한 나무뿐만이 아니라 모든 나무는 비슷한 방어기제를 가지고 있다. 나무들이 피워내는 꽃이나 향기가 서로 다른 이유도 나무가 목적하는 바에 따라 각자 고유의 향을 발산함으로써 스스로 욕구를 달성하기 위한 것이다.

이러한 나무의 생존 전략은 신비 그 자체다. 그 모습을 살펴보다 보면 감탄이 저절로 나온다. 어떻게 이러한 신통한 능력을 갖추고 있는지 놀라울 뿐이다. 결국 식물도 생각하는 뇌가 있지 않나 하는 생각에 도달하게 된다.

쪽동백의 겨울 잎을 살펴본 적이 있었다. 여름내 수고한 나뭇잎은 가을이 되면 노랗게 물들고 잎을 떨군다. 오래도록 달린 단풍 든 잎을 살짝 잡아당기면 흡사 모자를 벗어버리듯 새순을 쏙 내민다. 그 속에는 이미 내년의 봄을 맞이할 새순이 정교하게 준비되어 있다. 흡사 철 지난 옷을 벗어버리고 새 옷으로 갈아입고 등장하는 배우처럼, 모든 준비를 마치고 겨울을 이겨내고 봄이 오면 새로운 잎과 꽃을 피워낸다. 수많은 나무가 한 치의 오차도 없이 이렇게 미래를 준비한다.

빽빽한 소나무 아래에서 다른 식물을 찾기 어려운 경우가 자주 목격된다. 솔잎이 수북하게 쌓인 곳에는 다른 나무가 침투하기가 어렵다는 사실을 잘 보여준다. 신갈나무 같은 활엽수가 침투하게 되면 소나무는 모진 경쟁을 하면서 살아가야 한다. 이러한 위협으로 벗어나기 위하여 소나무는 타감물질을 생산하는 것으로 알려져 있다. '갈로타닌'으로 알려진 이 물질은 제초제 역할을 한다. 소나무 아래 다른 식물이 자리 잡는 것을 철저히 방해한다. 자기 씨앗도 예외는 아니다. 그러나 영리한 식물은 이 장벽을 뚫고 서서히 침투한다. 이러한 도전의 역사는 숲의 질서를 바꾸며 순환에 순환을 거듭한다. 시간이 흐르면서 자연스럽게 숲이 변해가는 이유다.

소나무 외에도 유칼립투스는 '유칼리툴'이라는 성분을 내뿜으며 자기 영역을 표시하고, 호두나무는 '주글론'이라는 성분의 자기 보호제를 발산하여 자기만의 생존 구역을 표시하는 것으로 알려져 있다. 이들은 한결같이 자신의 영역을 침투하려는 식물들을 방어해낸다. 방어하려는 식물과 그 장벽을 넘으려는 식물들의 두뇌 싸움은 사람도 경탄하게 한다.

그중에도 지중해 주변에 넓이 퍼져 사는 '시스투스(Cistus)'는 더욱 경이로운 나무로 알려져 있다. 이 나무는 예쁜 꽃은 물론 몰약의 원료로도 사용되며 사람들이 즐겨 마시는 차의 원료이기도 하다. 원예가들의 손을 빌려 한국에도 들어와 있으며 반일화, 록 로즈(Rock Rose Cistus)로 불린다. 시스투스는 꽃을 한나절만 피워 반일화라는 이름을 가졌는가 하면 척박한 돌밭에서도 끈질긴 생명력을 유지하며 감미로운 향기를 선사하여 돌장미라는 이름도 얻고 있다.

그러나 더욱 놀라운 것은 독특한 생존 방법이다. 이 식물은 스스로 발화하는 능력을 갖추고 있다. 사람이 봄볕에 성냥불을 그어대듯이 스스로 몸을 불태운다. 발화 온도 35도에서 불이 잘 붙는 휘발성 물질을 내뿜어 온몸을 스스로 불태우는 것이다. 산불을 관리하는 산림청이 경악할 만한 능력을 식물이 가지고 있다. 지중해 주변과 중동이 주요 서식지이지만 이 거짓말 같은 사실을 주요 신문이 보도하여 국내에도 분

신자살하는 식물로 잘 알려져 있다.

시스투스는 성장하며 밀도가 높아지고 다른 식물에게 생존을 위협받는다 생각하면 스스로 휘발성 물질을 발산하는 것으로 알려져 있다. 이렇게 되면 온도가 35도가 넘는 중동의 숲은 불길에 휩싸이고 잿더미로 변한다. 그뿐만 아니라 화마가 지나간 뒤에 그 재 속에서 제일 먼저 싹이 솟아오르는 놀라운 능력을 보유하고 있다. 시스투스는 휘발성 물질을 내뿜고 발화하기 전, 불에 견디는 힘이 강한 씨앗을 미리 만들어놓고 주변 식물을 태워버리는 기상천외한 일을 벌이는 것이다. 자신의 영역을 지키는 능력이 이 정도면 식물은 뇌를 가지고 생각하고 판단하고 실행에 옮기는 것이 아닐까?

식물은 보이기는 가냘프게 보일 수 있지만, 전혀 가냘프지 않다. 자신만의 생존 비법을 가지고 자신의 영역을 지키며 살아간다. 이러한 식물의 행태를 본 식물학자들은 시스투스를 '자살하는 식물' '내일이면 죽습니다'라는 비장한 꽃말을 붙여주고 있다. 한국에서의 꽃말은 '인기'로 불린다.

시스투스

일본에서 무궁화 축제를

무궁화는 한국을 상징하는 나라꽃이다. 무궁화 삼천리 화려강산! 하고 애국가를 부르지만, 한국민이 무궁화를 어느 정도나 사랑하는지는 의문이다. 봄이면 그 많은 벚꽃축제가 열리고 열광하는 반면 나라꽃 무궁화 축제는 찾아보기가 어렵다.

그런가 하면 우리의 나라꽃 무궁화가 일본에서 화려하게 피어나고 있다고 말하면 고개를 갸우뚱한다. 전혀 의외라는 표정으로 말이다. 일제 강점기에 무궁화 말살 정책이 있었다는 역사적 사실을 기억하시는 분들은 더더욱 믿지 않는다. 무궁화를 폄하하고 씨를 말리려 했던 일본이 무궁화를 가꾸고 있다니, 웬 뚱딴지같은 소리냐? 그러나 이는 엄연한 현실이다. 일본에서 무궁화 축제까지 열리고 있어 화제다. 이처럼 사실을 말이나 글로 전달이 어려운 경우 두 눈으로 보고 나면 의심의 여지가 없어진다.

'백문이 불여일견'은 그야말로 명언이다. 한발 더 나아가 백 번 보는 것보다 더 중요하고 생생한 것은 내가 직접 체험하는 것이다. '백견이 불여일행(百見 不如一行)' 오래 기억에 남고 학습효과를 추구하는 의도라면 체험을 권하는 세상이다. 그러나 세상의 모든 일을 체험하여 인지하겠다고 한다면 세상은 혼란 속으로 빠질 것이다. 펄펄 끓는 물이 진짜 뜨거운지 체험하기 위하여 그 속에 손가락을 넣을 용기를 발휘한다면 박수받을 만한 일은 아니다.

일본 센다이에서 도쿄를 이르는 고속도로 양편에 무궁화가 아름답게 피어 있다. 이곳이 정말 일본인가 할 정도로 말이다. 무궁화와 비슷한 부용은 아닐까? 의구심을 가질 수도 있지만, 휴게소에 들려 확인한 결과 대한민국의 나라꽃 무궁화다.

무궁화

꽃은 어디에서도 아름답게 피어난다. 수백 킬로미터에 이르는 고속도로 상하행선 가장자리에 무궁화가 가득이다. 필자는 일찍이 이처럼 많은 무궁화를 만난 적이 없다. 이런 모습을 직접 보기 이전에 무궁화와 일본에 관하여 무지했다. "그들이 무궁화를 사랑할 리가 없잖아?" 하던 생각은 여지없이 무너졌다. 일본의 최북단 북해도에도 주택가 정원 안에 무궁화는 활짝 피어 있다.

또한 일본 사이타마현 지치부군 미나노 마을에는 큰 규모의 무궁화 자연공원이 조성되어 있다. 자그마치 그 규모가 33만 제곱미터에 달하는데, 10만여 그루를 30여 년에 걸쳐 조성했다고 한다. 물론 무궁화 공원에 무궁화만 있는 것은 아니다. 함께 어울려 피어나는 꽃들이 있다. 하지만 여름을 장식하는 무궁화가 이 공원의 주제다. 이 공원은 윤병도라는 재일 교포가 한국의 아름다움을 이웃 나라에 알리기 위해 조성하기 시작하였다고 한다. 이 공원에는 벚나무도 있고 한국과 일본의 아름다움으로 한일 우호와 평화를 잇겠다는 염원이 깃들어 있다고 한다. 일본 속의 무궁화 동산에서 무궁화 축제가 열리고 매스컴을 타기 시작하자 한국에서도 관심을 가지기 시작하였다고 한다. 무궁화 자연공원에 방문객이 증가하고 있다니 반가운 일이 아닐 수 없다.

우리 대한민국에는 왜 변변한 나라꽃 동산이 귀한 것일까? 애국심이 부족한가? 아니면 무관심인가? 대한민국에는 무궁화가 살기 좋은 토양이 산재해 있다. 마음만 먹으면 무궁화 동산도, 공원도 만들 수 있다.

여름 내내 꽃을 피우는 무궁화는 가꾸기에 따라 훌륭한 관광 상품이 됨은 물론 후손에게 전해줄 중요한 자연 유산이다. 무궁화를 심는 것은 생태계를 관리하는 데 아무런 문제가 되질 않으니 규제도 걱정이 없다.

전 세계의 무궁화를 모아 세계 최고의 무궁화 동산을 만들어보자. 대한민국에서 어느 사업보다 의미 있고 가치 있는 일이 될 것이다. 한민족의 무궁함을 알리는 대한민국의 상징이 되어줄 것이다. 요즘은 지방자치의 시대다. 어느 시 군에서 여기요! 하고 손들고 힘차게 뛰어나와 주시기를 바란다. 한국인이라면 모두 나와 무궁화 축제를 즐기는 무궁화 동산을 만들어보자. 그리고 200년 300년 1,000년을 가꾸어 거대한 무궁화 동산을 후대에 물려줘보자!

영월군 한반도면에서 바라본 무궁화

벚나무는
왜 단명할까?

봄은 벚나무의 숨 쉬는 소리와 함께 찾아온다. 죽은 듯 마른 듯 숨죽이던 나무가 차츰 그 빛이 변한다. 검은 듯한 기운이 이내 엷어질 때 꽃몽우리는 하루가 다르게 부풀어 오른다. 어쩌란 말이냐? 마구 부풀어 오는 가슴을. 밀어내듯 밀려나듯 부풀 대로 부푼 몽우리는 주체할 수 없이 폭발한다. 이곳에서 저곳에서 일제히 탄성이 인다. 꽃피는 소리가 축포처럼 들린다.

고속철보다 빠른 속도로 개화 소식은 삼천리를 오간다. 어서 나와 나를 반기라고 벚꽃은 함성을 지른다. 봄을 그리워한 인파는 명소를 찾아 나서고 상춘객의 얼굴은 벚꽃처럼 물든다. 꽃길을 걷고 싶은 그대에게 꽃잎은 주저 없이 내려앉는다. 나를 밟고 걸으소서! 벚꽃은 충성스러운 시종처럼 자신의 꽃잎을 떨구어 꽃길을 만든다. 벚꽃의 유혹에 넋이 나간 인파는 벚나무 아래로 구름처럼 몰려든다. 벚꽃이 화려함을 자랑하는 데에는 일주일이면 충분하다. 개화 기간이 짧아 꽃이 더 아름다운 것인지도 모른다. 일제히 피어나 함박눈처럼 떨어지는 벚꽃을 마주하며 새해의 새봄을 맛본다.

요즘은 기쁜 소식보다 우울한 소식들이 더 뉴스를 가득 채운다. 그러나 꽃이 피고 지는 데에는 변함이 없다. 따뜻한 날씨 덕분에 개화기가 빨라졌다. 누군가가 보든 안 보든 일제히 피어나고 굳은 약속이나 한 듯이 함께 떨어진다.

봄을 화려하게 장식하는 벚나무에 '박명가인(薄命佳人)'이 어울릴까? 미인은 수명이 짧다는 그 말 말이다. 벚나무는 다른 나무에 비하면 일찍 노쇠하여 나무의 생을 마감한다. 대부분의 벚나무가 백 년을 넘기기 어렵다. 한국에서 최고로 장수한 벚나무 나이가 300살로 추정된다. 지리산 화엄사에 있는 천연기념물 38호다. 제주에서 자생하는 왕벚나무도 300살을 넘지 못한다. 다른 장수목과는 비교가 안 되는 나이다.

벚꽃

제주시 봉개동 왕벚나무 자생지

벚나무의 이런 생태가 식물을 사랑하는 사람들의 토론 주제가 된 적이 있었다. 벚나무는 왜 단명할까? 여러 방면에서 다양한 의견이 제시됐다. 그중 가장 유력한 주장으로 채택된 것이 화려한 꽃과 관련이 있다는 것이다. 나무가 꽃을 피우기 위해서는 다량의 에너지가 필요하다. 벚나무는 나무의 모든 역량을 발휘하여 꽃을 피워낸다. 생식을 위한 최고위 투쟁이다. 한 해 두 해 고갈되는 에너지는 나무의 수명으로 연결

된다. 다른 수종에 비하면 일찍 쇠퇴할 수밖에 없다는 것이 전문가들의 견해다. 식물이나 인간이나 에너지를 과하게 소비하면 수명에 영향을 준다는 것은 부인하기가 어렵다.

장수목 몇몇 나무를 보자. 크고 오래 살고 꽃이 화려하지 않은 나무는 노거수 목록에 올라 있다. 은행나무가 그 대표 격이다. 느티나무도 빼놓을 수 없다. 소나무 역시 화려한 꽃을 피우지 않는다. 살아서 천년 죽어도 천년이라는 주목도 열광적으로 꽃을 피우지는 않는다. 이것이 우연의 일치일까? 물론 식물은 저마다 진화해 온 방향과 살아가는 전략이 다르다. 그러나 식물이나 사람이나 에너지를 어디에 많이 사용하느냐에 따라 누리는 수명은 다른 것 같다. 식물의 모습에서 사람들은 또 다른 지혜를 얻는다.

한국에 '아카시아' 꿀은 없습니다

5월은 그윽한 아까시나무 꽃향기로 세상이 감미롭다. 한 줄기 바람을 타고 흐르는 아까시나무꽃 향기는 가슴을 들뜨게 한다. '아름다운 우정', '청순한 사랑'이라는 꽃말을 간직한 것은 결코 우연이 아닌 것이다. 국민적 관심사를 나타내는 나무 가운데 찬과 반이 극명하게 갈리는 나무가 바로 아까시나무다.

먼저 아까시나무를 못마땅하게 생각하는 사람들의 이야기를 들어보자. 천하에 몹쓸 나무라는 표현도 서슴지 않는다. 이유인즉 조상님의 산소 주변에 자라다가 봉분까지 침투하는 고약한 존재라는 것이다. 냉큼 잘라내었으나 이듬해 더욱 많이 퍼져 곤혹스럽게 하는 나무가 아까시나무다. 그뿐이 아니다. 왕성한 생명력으로 무장한 아까시나무는 논밭 주변에 자라다가 어느새 그 영역을 넓혀 밭으로 뻗어 들어와 피해를 준다. 집 근처에 심으면 울안으로 침투하여 자라는지라 여간 성가신 나무가 아니라는 것이다. 행여 없애보려고 하면 가시는 왜 그리 무서운지 온통 몸에 상처를 주는 나무를 어떻게 곱게 볼 수 있냐는 푸념도 섞여 있다. "아까시나무는 일본 사람이 한국인을 골탕 먹이려 한국에 가져다 퍼트렸다면서요? 그 나무 없애는 방법은 없나요?" 아주 극단적인 대책을 찾는 분들도 계시다.

그런가 하면 아까시나무 꽃 축제까지 열면서 아까시나무 예찬을 하는 사람들은 누구일까? 서울 동대문구, 경북 칠곡에서는 아까시나무 꽃이 필 무렵 축제가 열린다. 울창한 아까시나무 숲에서 진동하는 향기는 그냥 지나치기 어렵다는 것이다. 하나가 좋으면 열 가지가 좋다고 한다. 향기가 퍼지면 향기만 있는 것이 아니다. 그 꽃 속에는 꿀도 그득히 담겨 있다. 아예

철쭉류는 추운 겨울을 이겨내고 꽃을 피운다

양봉가들은 아까시나무 꽃 피는 곳으로 전지 양봉을 떠난다. 남쪽에서 꽃을 맞이하고 꽃 피는 시기를 따라 북상하면서 질 좋은 꿀을 생산한다.

아까시나무는 국내 벌꿀의 70%를 생산하는 위력을 지니고 있다. 양봉 농가의 입장에서는 삶의 터전이 되는 최고의 가치를 지닌 경제수다. 아예 한 걸음 더 나아가 개화 시기를 달리하는 다양한 아까시나무 품종을 개발해서 연중 벌꿀 생산을 많이 할 수 있는 방법을 찾고 있기도 하다. 아까시나무는 생장이 빠르고 목재의 질도 뛰어나다. 목재로서의 가치도 다른 나무에 지지 않는다. 척박한 땅에도 불평 한 마디 하지 않고 잘 정착하여 자라는 특성도 있다. 척박한 땅에 잘 자라는 식물을 식물학자들은 선구식물이라고 한다. 이러한 특성이 헐벗은 한국의 산야에 아까시나무가 살게 된 이유 중 하나다.

흰색 아까시나무 꽃

붉은 아까시나무 꽃

아카시아 꽃, 긴 가시와 노란 꽃을 피운 모습

아까시나무가 이 땅에 도입된 것은 1891년 일본 사람이 중국 북경에서 묘목을 가져와 인천에 심은 것이 처음이라고 한다. 1911년 이전에도 서울 시내 가로수로 식재되었다는 기록도 보인다. 경기도 여주시에도 1901년에 심었다는 아까시나무 노거수가 대신면 천남리 천남초등학교 교정에 우람한 모습으로 서 있다. 이 나무를 만나면 아까시나무가 얼마나 크고 멋있게 자랄 수 있는가를 확인할 수 있다.

우리는 흔히 '아카시아'라고 부르지만, 아카시아는 아까시나무와는 전혀 다른 나무다. 아프리카 사바나 지역에 목이 긴 기린이 즐겨 잎을 뜯

열대지방에 자라는 아카시아

어 먹고 있는 우산 모양의 나무가 아카시아 종류이고, 한국에 사는 아까시나무는 북미 애팔래치아 산맥의 냉온대가 고향이다.

아프리카의 아카시아와 닮았지만 실제는 다르다. 학명에도 가짜 아카시아라고 표기되어 있지만 깊은 관심을 둘 여지가 없는 사람들은 유행하는 노래처럼 익숙하다. "동구 밖 과수원 길 아카시아 꽃이 활짝 폈네!"라는 동요 가사처럼 말이다. 이는 사실 "아까시나무 꽃이 활짝 폈네!"가 되어야 한다.

누군가 당신의 이름을 달리 부르면서 진짜는 놓아두고 가짜를 진짜처럼 이야기하면 여간 섭섭한 일이 아닐 것이다. 한국에 자라지도 않는 아카시아를 계속 잘못 부를 이유는 없다. 표준어처럼 많은 국민이 사용한다 해도 '아까시나무'와 '아카시아나무'는 별개의 나무이기 때문이다. 고로 양봉농가에서도 '아카시아' 꿀을 '아까시나무' 꿀로 바꾸어 표기할 필요가 있다. 한국에서 자라지도 않는 아카시아나무에서 꿀을 생산한다면 그것은 거짓이거나 가짜이기 때문이다.

달나라 계수나무는 아직도 크고 있을까?

노래 속에 등장하는 나무의 이름은 오랜 기억으로 남는다. 특히 성인이 된 이후에도 동요 속의 나무 이름 한두 가지는 어렵지 않게 기억해낸다. 성인을 대상으로 퀴즈가 출제됐다. 다음 노래를 듣고 이 동요의 제목을 맞추는 퀴즈다. 독자들께서도 아래 가사를 읽고 동심으로 돌아가 노래의 제목을 맞춰보자. 1절이 이렇게 시작된다.

푸른 하늘 은하수 하얀 쪽배엔
계수나무 한 나무 토끼 한 마리
돛대도 아니 달고 삿대도 없이
가기도 잘도 간다. 서쪽 나라로.

퀴즈에 참여한 많은 사람은 정답을 '푸른 하늘 은하수'로 선택했다. 이 동요의 가사 속에는 노래 제목이 될 만한 단어는 정작 보이지 않는다. 그다음 많이 채택한 제목이 '계수나무'다. 이 동요는 1924년, 윤극영이 작사 작곡한 동요 〈반달〉이다. 이 노래 속에는 계수나무가 등장한

노랗게 물든 계수나무가
달콤한 첫사랑의 향기를 발산한다

다. 필자는 어린 시절부터 계수나무란 달 속에 사는 전설 속의 나무인 줄로만 알았다. 계수나무를 실제 만나기까지는 오랜 세월이 걸렸지만, 정작 내가 만난 계수나무는 달에 산다는 계수나무가 아니었다.

계수나무는 계수나뭇과 계수나무속에 속하는 낙엽 활엽 큰키나무다. 학명은 [Cercidiphyllum japonicum Siebold & Zucc. ex J.J.Hoffm. & J.H.Schult.bis]로 한자로 계수[桂樹], 영어로는 'Katsuratree'라고 하며 한국에는 1920년대 일본에서 광릉으로 도입되어 심어졌으며 지금 볼 수 있는 계수나무는 주로 이 나무를 말한다. 계

단풍이 들어가는 계수나무

수나무는 암수가 딴 나무다. 큰키나무로 30m까지 자라며 나무껍질은 회갈색을 띠고 잎은 하트 모양이며 표면은 초록색, 뒷면은 분백색으로 가을이 되면 노란 단풍이 든다.

목재는 건축재, 합판재, 가구, 조각, 악기를 만들고 바둑판이 인기가 있다. 나무의 자람이 아름답고 향기로운 꽃과 멋진 단풍을 갖고 있어 관상용으로도 적합하다. 또한 가지나 잎에서 나는 특유의 향기 덕분에 향으로도 사용될 수 있다. 계수나무 향기는 10월 단풍철에 가장 두드러지게 나타난다. 달콤한 솜사탕을 연상케 하는 향기는 첫사랑의 향기라 불린다.

중국에서는 한국에서 계수나무라 부르는 나무를 연향수(连香树)라 부른다. 그윽한 향기와 연관된 이름이다. 일본에서는 한자로 桂(계)로 쓰고 '카츠라'로 발음한다. 일본에서 도입된 계수나무는 한국에 자생하지 않아 한국 이름이 없었던 나무다. 20세기 초 일본을 통해 한국에 도입될 당시 우리나라에서 계(桂)라는 글자만 보고 '계수(桂樹)나무'라는 이름으로 명명되어 전국으로 퍼지게 되었다는 사연을 가지고 있다.

그러나 국내에 이미 오래전부터 목서[중국에서 계수나무로 불리는 나무], 또는 계수(桂樹)라고 불리는 중국에서 건너온 나무가 있었다. 나무 명칭의 정리가 필요해진 것이다. 이후 국내에서 목서와 계수나무로 두 나무의 명칭을 구분하여 사용하지만, 옛 문헌이나 중국 문헌을 번역할 때는 목서와 계수나무가 혼동되는 경우가 발생한다.

달나라에 산다는 계수나무(금목서), 향기가 만 리를 간다고 하여 만리향으로 불린다

동요 〈반달〉 속 계수나무는 일본에서 건너온 계수나무가 아닌 '목서'를 지칭한다. 목서의 꽃으로 만드는 계화차를 계수나무의 꽃으로 만드는 것이라고 잘못 알리는 예도 있다. 대표적인 오해는 계피(桂皮)가 계수나무의 껍질이라고 오해받는 경우다. 수정과를 만들거나 한국 전통 음식에 사용하는 계피는 육계나무의 껍질이다. 계수나무는 범의귀목 계수나뭇과 계수나무이고 계피로 사용되는 육계나무[Cinnamomum loureiroi Nees]는 녹나무과의 육계나무로, 전혀 다른 나무다.

육계나무 껍질을 영어로 표시할 때는 시나몬(Cinnamon) 또는 카시아 바크(Cassia bark)라고 쓴다. 그러나 두 표기가 같은 것을 의미하지 않는다. 시나몬(Cinnamon)은 단맛이 있는 실론 시나몬(Ceylon cinnamon)을 부르는 명칭이며, 후자의 카시아 바크는 매운맛이 나며 자극이 강한 중국 시나몬 즉, 계피를 지칭한다. '시나몬 카시아(Cinnamomum cassia)' 하면 중국 계피이고 '시나몬 베룸(Cinnamomum verum)'은 실론 육계나무로 서양 시나몬이라고도 불린다. 시나몬이라는 같은 이름이 들어가면서 여러 종류로 구분되는 것은 녹나무 속의 여러 형제가 있으며 종에 따라 맛과 향의 차이가 있기 때문이다. 카페를 찾는 사람들이 커피에 첨가하여 즐기는 시나몬은 실론 계피를 지칭하는 것이 일반적이다.

✧

사형수의 슬픔을 간직한 미루나무

같은 버드나뭇과로 미국에서 들여온 미루(美柳)나무가 있다. 어떤 이는 나무 모양이 아름다운 버드나무라 미루나무라고 부른다고도 하고, 또 다른 사람은 미국에서 들여온 버드나무라 미루(美柳)나무라 부른다고 주장한다. 새로 닦은 길이라는 뜻의 신작로 좌우에 늘어서듯 심긴 미루나무는 한때는 가로수의 대명사이기도 했다. 그런가 하면 이탈리아를 통하여 한국에 들어와 살게 된 이태리포플러도 버드나무와 한 집안이다.

1976년 한국을 떠들썩하게 한 판문점의 미루나무 사건은 피로 얼룩진 역사다. 필자가 군 복무 시절 일어난 이 사건은 1976년 8월 18일 판문점 도끼 만행사건으로 알려져 있다. 판문점의 미루나무를 사이에 두고 북한군이 도끼로 미군 병사를 살해한 사건이다. 한반도는 일촉즉발의 전쟁의 위기까지 치달았고 제대 특명을 받고 귀향 보따리를 싸던 제대병들은 간발의 차이로 몇 개월 군 생활을 더 해야 하는 사태까지 벌어졌다.

평화로운 시기에는 이별과 사랑의 정표로 자리매김한 버드나무가 긴

장이 촉발된 상황에서는 사건의 중심에 서기도 했다. 사철 푸르러야 귀한 나무가 되거나, 단단하고 야무져야 나무로서 구실을 하는 것은 아니다. 자리에 따라, 환경에 따라, 나무는 그 역할을 달리할 뿐이다. 부드럽지만 강하게….

사형장 밖의 미루나무는 제법 크지만 사형장 안의 미루나무는 왜소하다

일제 암흑기 악명을 떨쳤던 서대문형무소, 지금의 서대문 독립공원으로 자리를 옮겨보자. 수많은 애국지사가 잃어버린 나라를 찾기 위하여, 빼앗긴 조국을 위하여 투쟁하다 투옥되거나 형이 집행된 서대문형무소는 근대 역사의 생생한 현장이다. 투옥되어 온갖 고통을 겪었을 애국지사들의 고초를 생각하면 마음이 숙연해지는 장소다.

지금 이곳은 서대문 독립공원으로 탈바꿈하였다. 대한독립의 역사를 되새기는 장으로 변하여 푸르른 녹음으로 우거져 있다. 크고 작은 나무 중 두 그루의 미루나무가 사형장의 안과 밖을 굽어보고 있다는 사실을 기억하는 사람들은 많지 않다.

독립공원 뒤편 언덕 아래 사형을 집행하던 사형장이 있다. 담 밖에 한 그루의 미루나무가 있고 형장 안에 또 한 그루의 미루나무가 있다. 나이로 보면 90살이 넘는 고목이 되었을 나무들이다. 밖에 있는 나무는 '통곡의 나무'로 불린다. 이 미루나무를 지나면 사형장이 나타나기 때문이다. 사형수들은 이곳을 지나가면서 자신이 이제 돌아올 수 없는 길을 가고 있다는 사실을 알게 된다. 한 많은 사형수는 이 미루나무를 부여안고 생의 마지막을 알리는 통곡을 했다고 한다.

영원히 다시 올 수 없는 길을 가야 하는 사형수의 통곡 소리는 당사자가 아니면 이해하기 어려운 마지막 절규였을 것이다. 지금은 역사의 교육 장소로 쓰이고 있지만, 당시 억울한 누명을 쓰고 이슬처럼 사라져야 하는 한 생명의 통곡이 지금도 들리는 듯하다.

담장을 사이로 안으로 들어서면 또 한 그루의 미루나무가 자라고 있다. 이 미루나무는 '한(恨)의 미루나무'로 불린다. 이미 형장으로 들어온 사형수들은 유일한 생명체인 이 미루나무를 쓰다듬고 또 쓰다듬었다고 한다. 눈물도 마르고 통곡도 잊은 채 영원히 올 수 없는 길로 가는 마지막 순간을 지켜본 나무. 그 나무가 이 미루나무다.

창경궁 사도세자의 통곡을 들은 회화나무

수많은 생명이 스러지는 모습을 보아온 탓인지 이 나무는 밖의 동년배 미루나무처럼 자라지 못했다. 한 많은 영혼의 한이 서려 제대로 자라지 못했다는 가슴 아픈 이야기가 전하여 온다. 식물도 사람처럼 느끼는 감정이 있다는 것이 많은 학자의 이야기다. 이제 역사공원으로 바뀐 지 오래되었지만, 한 많은 사연은 오래 전달된다. 그 모습을 지켜보던 나무도 눈을 감았다. 역사의 흐름 속으로 잠겨가는 것이다.

하얀 개나리도 있어요?

"나리, 나리, 개나리 입에 따다 물고요, 병아리 떼 종종종, 봄나들이 갑니다"로 이어지는 동요는 약동하는 봄의 기운을 절묘하게 나타내고 있다. 이 동요를 음미하면 봄이 오는 것은 물론 인생의 봄도 느껴진다. 개나리와 봄, 노란 병아리의 걸음은 희망을 향하여 전진하는 모습처럼 마음속으로 스며든다. 작은 새싹이 자라 열매를 맺고 병아리처럼 어린 생명이 우뚝 성장하는 것은 시간문제일 뿐이다.

개나리는 작은 꽃들이 모여 노란 세상을 만든다. 작지만 모이고 합하면 큰 힘이 됨을 아낌없이 보여준다. 온 누리를 뒤덮을 것 같은 색채는 일순간에 분위기를 바꾸는 마력이 있다. 세상의 어둠을 사라지게 하면서 희망으로 온 누리를 채운다. 노란색이 주는 편안함은 긴 겨울을 이겨내고 희망을 향하여 질주할 수 있는 새로운 기회가 왔음을 알려준다. 차분하게 자신감을 느끼게 하는 데에도 한몫한다. 노란색은 심리적으로 안정감을 준다는 점에서 안전표지나 보호해야 할 대상이 있는 곳에 사용하기도 한다.

노란색을 만나면 사람들이 열광하는 것이 또 하나 있다. "황금알을 낳는 거위, 금맥을 발견했다, 금메달을 목에 걸었다"라고 하면 노란색을 연상한다. 이렇게 노랑은 황금과 부를 상징하며 권위와 풍요로움을 나타내기도 한다. 최고의 권력자들은 옷과 장신구, 머리에 쓰는 관도 황금으로 장식했다. 노란색은 부귀와 영화에 빠질 수 없는 소중한 색채인 셈이다. 건강을 담당하는 색채 심리분석가는 운동신경을 활성화하고 근육에 사용되는 에너지를 생성하는 색깔이자 기능을 자극하고 상처를 회복시키는 효과를 가진 것이 노란색이라고 했다.

생동하는 봄, 노란색 꽃의 대표주자인 개나리는 흔한 듯 귀중한 색감으로 만백성에게 샘솟는 희망을 선사한다. 이러한 상징을 선점이라도 하려는 듯 우리나라 자치단체들이 앞다투어 도화(道花)나 시화로 삼고 있는 것도 흥미로운 일이다. 개나리의 꽃말이 '희망, 기대, 깊은 정'으로 명명된 것도 노란색과 잘 어울려 봄을 맞이하는 백성들에게 새로운 희망을 품고, 깊은 정을 나누는 새봄이 도래하였음을 알리려는 의미도 있는 듯하다.

개나리는 한국 특산식물 중 하나다. 영어권에서는 개나리[학명: Forsythia koreana(Rehder) Nakai]를 코리아 골든벨(Korea Golden-bell)이라 부른다. 중국이나 일본에서는 조선연교(朝鮮連翹), 북한에서는 '개나리꽃나무'가 정식 명칭이다. 개나리가 한 종류 같지만, 한국에 자생하는 개나리도 몇 종류로 구분되며 지방마다 부르는 이름이 다르기도 하다. 중국이나 일본같이 '연교'로도 불리기도 하고 신리화, 만리화, 영춘화 등의 이름도 가지고 있다. 전문가들은 이들을 모두 구분하고 있지만, 일반인들이 구분하기에는 어려움이 있는 것도 사실이다.

개나리를 봄을 맞이하는 꽃이라 하여 영춘화(迎春花)로 부르기도 하는데, 영춘화라는 나무가 따로 있어 식물을 공부하는 사람들을 헷갈리게 한다. 그런가 하면 비슷한 시기에 향기를 머금고 하얗게 피어나는 미선나무꽃을 하얀 개나리로 부르는 예도 있다. 아름다운 부채를 뜻하는 미선(美扇)에서 그 이름이 유래한다는 미선나무 열매를 보면 하트 모양의 둥근 부채를 닮았다. 다만 개나리는 열매가 귀하고 꽃에서 향기를 느끼기는 어렵지만, 골든벨로 불리는 '황금종'이란 이름이 잘 어울리는 나무다.

미선나무,
하얀 개나리로도 불린다

✧✧

'비밀의 숲'에는 무슨 나무가

이 이야기는 비밀이다. 비밀이 누설되면 누설한 사람은 목숨이 위태롭다. 그러나 인간의 심리는 참으로 묘하다. "이제부터 하는 이야기는 비밀이다. 절대 당신만 알고 있어야 한다" 이렇게 이야기하면 그 이야기는 너무도 빨리 세상에 퍼진다는 것이다. 비밀은 혼자 간직하기보다는 누군가에게 은밀하게 알려줄 때 쾌감을 느끼는 것인지 모르겠다. 비밀은 비밀이 누설되면 더 이상 비밀일 수 없다. 오늘은 그동안 베일에 가려져 세상에 널리 알려지지 아니한 비밀의 숲에 대하여 발설하려고 한다.

먼 나라 이야기가 아니다. 강원도 홍천군에 몇 해 전부터 해마다 10월이 되면 꼭 찾아가야 하는 가을 명소가 하나 생겨났다. 은밀히 수군수군하면서 10월이 시작되면 '최고의 날'을 선택하기 위해 분주해진다. 날씨 정보를 모으고 높은 곳으로부터 낮은 곳으로 임하는 단풍기상도에 귀를 기울인다.

가을을 즐기기 위해서는 비밀의 숲이 최적의 장소다. 이 숲을 몸과 마음으로 느끼기에는 택일을 잘해야 함은 필수다. 성급한 마음으로 조바심을 내어 이르게 찾아가면 아직 준비가 덜 된 모습을 만나게 된다. 금빛 찬란한 황홀경을 보기 위해 다시 찾아 나서야 한다. 그러나 여유롭게 거드름을 피우다 늦게 가면 이미 그들은 떠나고 없다. 10월 한 달만 빗장을 열어주는 비밀의 숲으로 알려진 가을 명소, 홍천의 은행나무 숲을 찾아가 봤다.

이 숲은 오직 10월에만 문을 여는 국내 최대 규모의 은행나무 숲이라는 데 이견이 없다. 강원도 홍천군 내면 광원리 686-4번지가 비밀의 숲으로 불리게 되는 데에는 다음과 같은 사연이 전해져 오고 있다.

이곳은 아내의 건강을 위하여 1985년부터 은행나무를 심기 시작하였다고 한다. 국립공원도 아니며 홍천군이 운영하는 공원이나 관광지도 아니다. 개인이 심은 은행나무 밭이다. 4만 2,975m²의 토지에 5m 간격으로 줄을 맞춰 심어놓은 은행나무 2,000본 정도가 이곳의 주인공이다.

가을이면 어느 곳보다도 아름다운 은행나무의 황금빛이 계곡을 뒤덮는다. 눈이 부시게 아름다운 이 모습을 혼자 보기에는 왠지 세상 사람들에게 죄를 짓는 것 같았다는 게 은행나무를 심고 가꾸어 온 주인장의 소박한 이야기다. 돈 벌겠다고 입장료를 받는 것도 아니다. 마음씨 고운 은행나무 밭 주인장은 황금빛 황홀한 가을에 10월 한 달만 개방하기로 마음먹고 20여 년간 문이 닫혀 있던 이 숲을 개방하기로 했다.

그동안 속살을 볼 수 없던 비밀의 공간이 개방되자 홍천군 내면 일대는 술렁인다. 이 비밀의 숲을 보려고 전국에서 몰려드는 인파가 장난이 아니었다. 빗장을 푼 주인도 놀랐다. 순식간에 비밀의 숲은 매스컴을 타기 시작했다. 입에서 입으로 SNS의 힘을 타고 세상으로 번져나갔다. 계곡 옆으로 난 도로를 따라 1.5km에 이르는 갓길에 차량이 늘어서고 방문객들이 장사진을 친다. 10월에 이곳을 가보지 못하면 시대에 뒤떨어진 사람처럼 너도나도 방문객이 줄을 서고, 내면사무소와 광원리 주민들은 주차 안내, 특산물 홍보, 먹거리 제공에 나선다. 마치 내면 산간의 경제가 산불이 번지듯이 활활 타오르는 것이다.

누가 예측이나 했던가? 은행나무 2,000그루가 강원도 오지 산골 지역경제의 효자가 될 줄을. 이제는 한국관광공사에서도 가을에 가봐야 할 명소로 홍천 은행나무 숲을 꼽고 있다. 노랗게 물든 은행나무의 잎이 이 깊은 산골에 황금의 비처럼 내리고 있다. 12달을 모두 수고할 필요도 없다. 오직 깊은 가을 한 달만 수고하면 된다. 가장 효율적인 방법으로 산골의 경제를 창조하고 있다.

이 깊은 산골에 누가 찾아오랴! 버섯 따고, 약초 캐며 살던 마을의 경제가 살아나고 있다. 펜션 예약이 분주하고 식당엔 손님이 북적거린다. 마트 계산대와 특산물 판매대는 손님이 줄을 선다. 비밀의 숲 은행나무는 자라면 자랄수록 더욱 아름다운 모습을 보여준다. 작년의 숲과 올해의 숲이 다르다. 가을 숲과 어울리는 음악회가 열리고 지역 문화도 살아난다. 지역경제에 새로운 돌파구가 열리고 있다.

규제 때문에 발전이 안 된다는 사고는 버리자. 누군가 해주겠지 하는 생각도 바꾸자. 지금도 늦지 않았다. 시민이 나서서 황량한 벌판을 꽃

홍천 광원리 비밀의 숲을 찾은 인파들

피워보자. 황량하던 벌판이 세계에서 제일 아름다운 '세계의 정원'이 될 수도 있다. 아니 우리가 그렇게 가꿔야 한다. 우리의 후대들이 "선배님들은 도대체 무엇을 하셨나요?"가 아니라 "선배님 정말 감사합니다! 눈이 부시게 아름다운 고장을 만드신 이 모든 것이 모두 선배님들 덕분입니다" 하는 명소를 만들어보자.

생명을 구한
싸리나무 회초리

우리의 주변에는 크고 작은 수많은 나무가 자라고 있다. 기둥감이나 대들보가 되는 거목이 있는가 하면 맛있는 과일을 제공하는 나무, 꽃과 향기를 선사하는 나무, 귀중한 약재로서 역할을 하는 등 다양한 특징을 가지고 살아간다. 나무의 특성을 살펴보면 소중하지 않은 나무는 없다. 그중 싸리나무는 크기로 보나 꽃이나 열매로 보나 눈에 확 뜨이지는 않는다.

그러나 싸리를 퍼뜩 머리에 떠오르게 하는 데에는 화투의 홍싸리도 한몫한다. 화투장 속 그림에 등장하는 7월의 대표주자, 싸리는 다산과 풍요를 상징하는 멧돼지와 함께 홍싸리라 불린다. 재물을 상징하면서 횡재를 원하는 사람들의 인기를 독차지하고 있다. 물불을 가리지 않고 저돌적으로 달려드는 멧돼지처럼 당신에게도 행운이 막무가내로 달려들기를 바라는 마음이 숨어 있다고도 하고, 작은떨기나무지만 인간 세상에 매우 요긴하게 쓰이는 나무로 알려져 있다.

우리나라에서 자생하는 싸리나무 집안은 형제들이 여럿이다. 싸리나무를 대표하는 '싸리' '참싸리' '조록싸리' '낭아초' '땅비싸리' '비수리' '족

제비싸리' 등 여러 가족이 이 땅에 살아가고 있다. 사립문을 필두로 싸리비, 채반, 소쿠리, 광주리, 종다리 등의 생활용품 제작에 중요한 소재였으며, 건축 시에는 벽과 지붕을 구성하는 중요한 재료였다. 꽃이 귀해지는 여름날, 싸리는 밀원식물로서도 인기를 누림은 물론 약초로도 대접을 받는다.

한때 집집이 아이들 교육용 싸리 회초리는 필수품에 가까웠다. 아무리 다급해도 매는 안 된다는 주장과 훈육으로 사랑의 매는 필요하다는 주장이 서로 맞닥트리기도 한다. 싸리나무가 회초리로서 역할을 한 지는 제법 긴 역사가 있다. 자칫 잃을 뻔한 생명을 구한 싸리나무 이야기는 많은 것을 생각하게 한다.

싸리 회초리에 대한 일화에는 영조 때 암행어사로서 이름을 떨친 박문수가 등장한다. 전설 속에 실존 인물이 등장하는 것이다. 영조실록에도 박문수는 영남 어사의 임무를 띠고 민생을 살피기 위해 경상도로 향한다. 동네가 있고 길이 있는 곳은 모두 찾아다니며 백성들의 생활을 보살핀다. 탐관오리는 엄히 벌하고 충신과 효자에게는 상을 내린다.

그러던 중 한번은 경상도 깊은 산골 마을을 돌아보고, 다음 목적지를 향해서 길을 떠났는데 좀처럼 인가가 보이질 않는다. 길을 잘못 들었는가? 아무리 걸어도 첩첩이 산중이다. 산속 겨울의 짧은 해는 이내 자취를 감춘다. 어둠에 조바심이 난 박문수는 더욱 걸음을 재촉하였으나 갈수록 산속으로 깊이깊이 들어가는 것만 같았다. 칠흑 같은 어둠 속에 을씨년스러운 바람은 불어오고 짐승들 울부짖는 소리에 소름이 끼쳤다. 천하가 알아줬다는 박문수도 덜컥 겁이 났다. 이러다가 짐승들 밥이 되어 귀신도 모르게 죽는 게 아닌가? 등줄기에는 식은땀이 주르르 흘렀다.

박문수는 이내 흐트러지는 마음을 다잡았다. "호랑이에게 물려가도 정신만 차리면 산다"라는 말을 떠올리며 정신을 가다듬고 길을 재촉해 보지만 허기진 배와 지쳐가는 다리는 무겁기만 했다. 오만가지 불길한 생각이 머릿속을 파고들었다. 힘들고 지친 박문수는 제발 인가가 나타나기를 고대했다. 길을 헤매던 그는 산모퉁이에서 희미한 불빛을 발견한다. 박문수는 무척이나 기뻤다. 한 점 불빛이 이처럼 반가웠던 기억은 없었다. 기진맥진한 몸을 가누고 안도의 숨을 내쉬며 불빛이 있는 곳을 향하여 걸음을 재촉했다.

드디어 불빛이 비치는 곳에 당도해 보니 과연 조그마한 초가집에 불빛이 흘러나오고 있었다. 박문수는 정신없이 사립문을 두드렸다. 산중에서 길을 잃은 나그네인데 하룻밤 자고 갈 것을 간청한다. 그러자 그 집 안에서 한 여인이 나와서 하는 말이, "지금 이 집에는 남편이 출타 중이어서 자기 혼자만이 있는지라 외간 남자를 재울 수 없으니 딴 곳으로 가보라"는 것이 아닌가. 지칠 대로 지친 박문수는 더 이상 걸을 힘이 남아 있지 않았다.

다급해진 박문수는 "이 산중에서 다른 곳으로 가라는 것은 짐승들 밥이 되라는 것과 같으니 제발 아무 데서라도 좋으니 재워만 주시기 바랍니다"라고 간청하기에 이른다. 한참을 망설이던 여인은 방으로 들어오라고 허락한다. 그리고 부엌에 나가 저녁밥을 차려 왔다. 허기진 박문수는 마파람에 게 눈 감추듯 먹어 치웠다. 상을 물리자 여인은 자기 집에는 잠잘 곳은 오직 방 한 칸뿐이라 도저히 재워줄 수는 없지만, 사정이 딱해서 재워주는 것이니 선비의 도리를 지켜 절대 딴마음 먹어서는 안 된다고 당부한다.

감지덕지한 박문수가 말하는 여인의 얼굴을 보니 목소리만 고운 것이 아니었다. 하늘에서 내려온 선녀에 비할까? 인간 세상에 이렇게 아리땁고 예쁜 여자는 또 없을 정도로 곱고 어여쁜 미인이었다. 말을 마치자

싸리 꽃

여인은 치마로 방 한가운데를 휘장처럼 경계로 삼고 밤이 늦었으니 어서 자라는 것이었다.

자리에 누운 박문수는 안온했다. 산길을 헤매던 고난 길을 모두 잊었다. 그러나 박문수는 너무나 예쁜 그 여자의 자태에 반해서 잠이 오지 않았다. 집을 떠난 지도 벌써 수개월이 넘었으며 부인과 잠자리를 같이 한 지도 너무나 오래되었다. 오늘 이렇게 젊고 어여쁜 여인과 아무도 없는 외진 산골에서 단둘이 한방에서 자게 되니 박문수의 마음속에는 주체하기 어려운 욕정이 끓어올랐다. 어쩌면 이것이 하늘이 내려준 기회가 아닐까 하는 생각까지 미친다.

박문수는 잠결에 돌아눕는 척하면서 다리를 그 여인의 다리 위에 척 올려놓았다. 그러자 그 여인은 아무 말 없이 박문수가 잠을 깨지 않도록 조심해가며 다리를 살짝 내려놓았다. 한참 후에 박문수는 다시 잠꼬대인 척하면서 다시 다리를 얹었다. 그랬더니 여인은 "먼 길을 오느라 손님이 무척 고단한 모양인지 잠버릇이 나쁘군" 하면서 다시 박문수의 다리를 가만히 내려놓았다.

자는 척하며 수작을 부리던 박문수는 더 이상 참을 수가 없었다. 이번에도 잠꼬대하는 척하면서 몸을 옆으로 돌려 여인을 껴안았다. 그러자 여인은 벌떡 일어나 앉았다. 그리고 추상같이 엄한 어조로 호령을 하였다. "여보시오 선비님! 일어나 앉으시오! 남녀가 유별해서 한방에 재워 줄 수 없는 것을, 사정이 딱해서 재워주면 고맙다고 생각하고 잘 자고 갈 것이지, 선비의 체통과 삼강오륜을 져버리고 유부녀를 넘보는 것은 그대로 묵과할 수 없는 일, 냉큼 밖에 나가 싸리 회초리를 해오시오!" 젊은 여인의 호령은 추상같았다.

불호령에 정신이 번쩍 든 박문수는 부끄럽고 창피했다. 그러나 여인의 위엄 있는 호통을 거부할 방법이 없었다. 그는 시키는 대로 밖에 나가 싸리나무 울타리에서 회초리를 뽑아 들고 방 안으로 들어왔다. 여인은 박문수에게 종아리를 걷으라고 엄명하였다. 박문수는 무엇엔가 억눌리는 듯한 자세로 종아리를 걷고 여인 앞에 섰다. 여인은 박문수의 종아리를 세차게 쳤다. 박문수의 종아리에서는 살이 찢어지고 피가 흘러내렸다.

한참 만에 매를 거둔 여인은 농문을 열고 명주를 꺼내서 박문수의 피 나는 다리에 감아 주었다. 그리고 말하였다. "이 피는 모두 부모에게 받은 귀한 것이니 한 방울도 함부로 흘려보내서는 아니 됩니다. 피 묻은 이명주는 함부로 버리지 말고 몸에 지니고 다니면서 앞으로도 또 이와 같은 사악한 사념에 사로잡힐 때 자신을 바로 잡는 교훈의 신표로 하시오" 다음 날 새벽 박문수는 여인이 일어나기 전에 도망치다시피 하여 그 집을 빠져나가 길을 걸었다.

세월이 흘러 그 일이 있은 지도 몇 달이 지난 어느 날, 박문수가 경상도 접경 고을에 이르렀을 때 날이 저물었다. 오고 가는 길손이 있는 주막거리에 도착했다. 다시는 실수하지 않기를 위해서 안전한 곳에서 하룻밤을 유하기로 한 것이다.

푸짐한 저녁상이 들어왔다. 주모는 제법 인물이 훤칠했다. 입가의 미소와 말주변이 보통이 아니었다. 상냥한 말씨에 고운 눈웃음은 뭇 사내들의 애간장을 태우기에 충분했다. 저녁상을 물리고 어느덧 밤이 깊었다. 인적이 끊긴 주막은 이내 고요해졌다. 박문수도 이제 잠자리에 들려는 순간 주모가 방문을 두드린다. "손님 적적하신데 약주 한잔하시지요. 제가 한잔 올리겠습니다" 애교가 넘치는 목소리로 주모가 연실 웃음꽃을 피워내고 있었다.

싸리 꽃은 밀원식물이기도 하다

박문수도 외롭고 적적했던 차다. 집을 떠난 지 오래됐다. 여인네와 호젓한 시간을 보낸 지도 기억이 가물가물했다. 이렇게 술잔을 주고받으며 제법 분위기가 무르익었다. 주모는 무엇으로 치장했는지 여인의 향내가 좁은 방에 가득 찼다. 박문수는 취기도 오르고 정신이 몽롱해졌다. 주모가 박문수 앞으로 바싹 다가왔다. 옷고름을 풀고 치마를 벗어 내린다. 그리고 박문수를 부둥켜안는다.

그 순간 박문수는 몽롱한 꿈이 탁 끊어진다. 산속 아녀자의 싸리 회초리가 바람 소리를 내면서 자기 종아리를 내리친다. 정신이 퍼뜩 돌아온 것이다. "주모 이 무슨 해괴한 짓이오! 남편이 있는 유부녀가 이게 무슨 짓이오! 오륜을 저버린 이 파렴치한 행동은 도저히 용서할 수가 없소! 냉큼 밖에 나가 싸리 회초리를 꺾어오시오!" 엄한 호령은 방 안을 쩌렁쩌렁 울렸다. "당장 회초리를 가지고 오시오! 다시는 이런 일이 없도록 하여야 할 것이오!" 그러나 정작 더욱 놀라운 일은 따로 있었다.

이때 조용한 벽장문이 벌컥 열리면서 시퍼런 도끼를 든 사내가 방 한가운데로 펄쩍 뛰어내리는 것이 아닌가? 주모도 박문수도 혼비백산했다. 그는 다름 아닌 주모의 남편이었다. 사냥꾼이던 주모의 남편은 박문수에게 무릎을 꿇고 정중하게 사죄했다. "제가 훌륭하신 선비님을 해칠 뻔했습니다. 제가 사냥만 떠나면 이자가 외간 남자를 탐한다고 하여 오늘은 그 현장을 잡고자 벽장 속에 숨어 있었습니다. 간부를 이 도끼로 요절을 낼 참이었습니다. 정말 이처럼 훌륭하신 선비님이 계시는 줄 몰랐습니다"

이렇게 위기를 모면한 박문수는 싸리를 볼 때마다 마음을 다잡고 선비의 지조를 지켰으며 싸리 회초리는 훈육의 도구로 넓이 세상으로 퍼져 나갔다. 숲을 이루는 수많은 나무 중에 저마다의 숨은 역할이 있다. 싸리나무는 떨기나무의 작은 몸매지만 그 역할은 작지 않다. 역사를 이끌어온 걸출한 인물을 길러낸 스승과 같은 나무다.

5장

보면 볼수록 신비한 나무

나무를 타고 강림한 관세음보살?

일체유심조(一切唯心造)라는 어렵지만 멋진 말이 있다. (一)한 일, (切)모두 체, (唯)오직 유, (心)마음 심, (造)지을 조. "세상 모든 선과 악, 아름답고 추하다는 가치판단이나 사유 작용을 하는 모든 것은 오로지 마음이 지어내는 것이다"라는 불교 용어라 알려져 있다.

일체유심조에 대하여 우리나라에서 쉽게 설명한 것이 원효 이야기다. 해동 보살로 알려진 신라의 고승 원효(元曉)는 661년 의상(義湘)과 함께 당나라 유학길에 오른다. 낯선 곳에 이르러 해는 지고 길을 잃어 인가를 찾지 못한 이들은 어느 고총 앞에서 지친 몸을 뉘고 하룻밤 잠을 자게 된다. 먼 길을 걸어오며 기진맥진했던 원효는 잠결에 목이 말라 바가지에 담긴 물을 아주 달게 마신다. 날이 밝아 깨어 보니 잠결에 마신 물은 주변에 있는 공동묘지의 해골에 괸 구정물이었음을 뒤늦게 알게 된다.

목이 마른 그 순간 원효의 갈증을 채워준 물은 다름 아닌 오아시스의 감로수 같았다. 그러나 해골에 고인 물이라는 사실을 알고 난 아침 구역질에 몸서리쳐지는 그 이유는 무엇이란 말인가? 차라리 해골에 담긴 물이 아니었다면 물맛은 달랐을까?

원효는 이 사건으로 큰 깨달음을 얻는다. "사물 자체에는 옳은 것도 그른 것도 없다. 모든 것은 오로지 스스로 마음에 달렸다"라는 이야기다. 원효는 그길로 유학을 포기하고 신라로 돌아왔다. 이 이야기가 사실에 근거한 것인지 후세에 지어진 이야기인지는 중요하지 않다. 인간이 가진 마음의 변화를 절묘하게 표현하고 있다.

여주 남한강 변의 고찰 신륵사에 관세음보살이 강림하였다고 하여 화제다. 누구는 성모의 강림이라고도 하고, 보는 사람에 따라 다양한 반응을 보여준다. 그분들은 어떻게 이곳에 오셨을까?

다름 아니다. 우리의 마음속에는 이미 부처가 있고 공자가 있고 예수가 있고 성모가 자리 잡고 있다. 자신의 관심에 따라, 신념에 따라, 마음에 따라, 성모로 태어나고 관세음보살로 환생하여 미소를 보낼 수 있다.

이러한 모습을 잘 설명한 또 하나의 스승이 있으니 조선 초 무학 대사다. 신륵사에서 입적한 나옹화상의 제자인 무학은 어느 날 조선을 건국한 이성계와 나란히 앉는다. 건국 과정에서 너무도 많은 피를 흘린 이성계는 왕사인 무학과 한담을 나누며 쉬고 싶었다. 요즈음 말로 계급장 떼고 왕과 왕사의 관계를 떠나 친구처럼 편안한 이야기를 주고받기를 원한 것이다. 그러나 무학은 아무런 말도 하지 않는다.

무골인 이성계는 마음이 급한지라 "왕사께서는 꼭 산돼지같이 생기셨습니다" 하고 먼저 한 마디 던진다. 그러자 무학은 "대왕께서는 부처님 같으십니다" 하고 응수한다. 그러나 이성계는 "아니 왕사께서 그렇게 말씀하시면 마음을 내려놓고 어찌 농담을 주고받을 수 있단 말입니까?" 하고 항변한다.

내 마음속에 있는 대로 보인다. 관세음보살인가 성모 마리아인가

그러자 무학은 일갈한다. “산돼지의 눈으로 보면 산돼지로 보이지만 부처의 눈으로 보면 부처님의 모습으로 보입니다” ‘일체유심조’를 떠올리게 하는 고수들의 문답은 역사의 뒤안길에 오래오래 살아남는다.

신륵사 구룡루 앞에 서 있는 은행나무를 자세히 살펴보면 어렵지 않게 자신만의 관세음보살을 만날 수 있다. 아니면 성모 마리아를 찾을 수 있다. 또 다른 사람들은 자신이 사모하는 어머니의 모습으로 또는 사랑하는 여인의 모습을 그려낼 수도 있다.

은행나무는 말이 없다. 세월과 눈과 비바람이 거룩한 분들을 모셔왔을 뿐이다. 모진 풍파를 무릅쓰고 오래오래 자라온 나무에는 신비한 모습이 깃든다. 이 또한 인간의 마음속에서 지어낸 모습이 아닐까? 한번 이 나무를 찾아보고 그 모습을 음미해보자. 마음속에 각인된 이미지는 바로 이 나무를 바라보는 사람의 진정한 속마음일 것이다.

✧

'감람나무'와 '올리브나무'는 다른 나무라고?

감람나무와 올리브나무는 한 나무일까? 아니면 다른 나무일까? 성서에 쓰여 있는 나무를 가지고 어쩌고저쩌고하면 불경죄에 해당할 수도 있다. 그러나 식물에 관하여 정확하게 아는 것은 그 글을 이해하거나 의미를 파악하는 데 큰 도움이 된다.

답부터 말하면 전혀 핏줄이 통하지 않는 다른 나무다. 그런데 신성한 성전(聖典)에 '감람나무'라고 등장한다. 성서의 감람은 '올리브(Olive)'가 정확한 표현이라는 것이 성서 속의 식물을 연구하는 학자들 사이의 견해다.

식물은 세계에 널리 퍼져 있고 기후대에 따라 분포하는 지역이 다르다. 메마른 사막에도 잘 적응하는 식물이 있다면, 물가를 좋아하는 식물이 있다. 추위에 잘 견디는 나무도 있고 더위를 좋아하는 나무도 있게 마련이다. 필자의 소견으로는 생소한 나무를, 그 나무가 전혀 없는 곳에 전파할 때 그와 유사한 나무를 찾고 그 나무와 비슷하게 생겼다고 설명하다 보면 전달받는 사람에 따라 아예 같은 나무로 생각하고 전혀 다른 나무가 같은 나무로 알려지는 상황이 발생할 수 있다.

이러한 사례는 우리나라에서도 심심치 않게 찾아볼 수 있다. '아카시아'가 대표적인 예다. 아카시아는 한국에 자라는 나무는 아니다. 한국에서 꿀이 많이 생산되기로 유명한 아까시나무가 학명에 '가짜 아카시아[Robinia pseudoacacia]'라고 쓰여 있어도 아카시아로 알려진 것처럼 모양이 비슷한 나무가 가끔은 혼동을 일으키는 경우가 있는 것이다.

우리가 상식처럼 알고 있는 승리의 월계관도 그렇다. 손기정 선수는 1936년 8월 9일 마라톤으로 세계를 제패한다. 그리고 세계인이 지켜보는 가운데 베를린 올림픽 경기장에서 히틀러로부터 상을 받는다. 이때 손기정 선수의 머리 위에는 나뭇잎으로 만든 영광의 관이 씌워져 있다. 이때 받은 관은 월계수가 아니지만 모두 월계관으로 부르고 있다. 승리

올리브나무 고목

의 월계관으로 말이다. 어쩌면 당연히 승자의 머리 위에 월계관이 씌워져야 한다고 생각했는지도 모른다. 그러나 훗날 그 나무 모양에 의문을 지닌 식물학자가 '오크'임을 밝혀낸다.

올리브 열매

우리말 성서의 창세기 8장 11절에 "저녁때에 비둘기가 그에게로 돌아왔는데 그 입에 감람나무 새 잎사귀가 있는지라"라는 구절이 있다. 새 잎사귀를 감람의 잎사귀로 기록되어 있지만, 올리브와 감람은 결코 같은 나무가 아니다. 중국 남부와 인도차이나가 원산지인 감람수(橄欖樹)와는 구별되어야 한다. 올리브는 물푸레나무목에 속하고 감람은 무환자나무목 감람과(橄欖科)에 학명이 [Canarium album]으로 불린다. 식물학상 분명하게 구별되는 나무다. 올리브나무가 중간키 나무라면 감람나무는 큰 키에 30m까지 자라는 나무로 잎도 올리브나무와는 확연히 다르다. 다만 열매가 비슷하다. 중국의 감람나무가 올리브와 남남끼리임에도 불구하고 이 두 나무가 같은 이름으로 성경에 표현됐다. 이렇게 사용된 데는 우리말이나 중국말에서 아예 잘못 번역된 성경에 책임이 있다. 번역 과정에서 중국에 자라고 있는 감람나무가 올리브 열매와 흡사하여 이러한 일이 벌어진 것이 아닐까 생각한다.

식물에 관한 관심이 높아지면서 이를 지적하는 목소리가 크다. 당연 어느 것이 진실이고 무엇이 문제인지 바로 알아야 하는 노력이 필요한 때이다. 이러한 국민의 염려를 위하여 대구광역시에 '종교식물원'이 개장되어 직접 보고 관찰하여 궁금증을 풀어주고 있으니 고마운 일이다.

부처님은 보리수를 좋아했을까?

어린 시절 필자는 시골에서 자랐다. 한참 보리수가 익어 갈 무렵 맛난 보리수 열매를 먹다가 절에 다니는 친구가 부처님 이야기를 꺼냈다. "부처님은 보리수나무 아래서 큰 깨달음을 얻어 성자가 되셨다"라는 것이다. 나는 당시에 도무지 이해되지 않았다.

부처님께서는 어떻게 이 작은 보리수나무 아래서 지혜를 얻었을까? 혹시 인도 지방에는 이 보리수나무가 크게 자라는 것은 아닐까? 아니면 이 나무의 열매가 지혜를 가져다주는 마법의 묘약일지도 모른다는 생각이 들었다. 그날 우리는 보리수를 마음껏 따 먹고 돌아왔지만, 신상에 새로운 변화가 나타나지는 않았다.

보리수에 대한 궁금증을 해소하기 위해 당시에 이 책 저 책을 찾아봤으나 시원한 정보를 찾을 수는 없었다. 그렇게 잊고 지내다 어느 날 한 사찰 앞에 심어진 커다란 보리수나무를 만났다. 보리수나무란 이름표까지 달고 있으니 아주 반가웠다. 오늘 진짜 보리수를 만나 그간의 궁금증을 풀어보리라며 쾌재를 불렀다.

그러나 이 '보리수'라고 이름표를 달고 있는 나무는 우리가 따 먹고 놀던, 한국에 자생하는 보리수가 아니었다. 열매도 잎도 크기도 모두 달랐다. 아! 이것이 진짜 부처님께서 깨달음을 얻었다는 그 보리수인가? 큰 키에 무성한 잎이 달린 나무는 그늘도 매우 훌륭했다. 불가의 3대 성수(聖樹)로 불리는 나무가 바로 이 나무구나! 참으로 반가웠다.

그러나 천만의 말씀이다. 인도의 보리수는 한국 땅에서 이처럼 살아가는 것은 불가능하다. 열대성 식물이라 겨울이면 추위에 얼어 죽는다. 한국 사찰에 자라는 나무는 부처님께 득도의 길로 안내한 인도보리수는 아니다. 다만 인도보리수와 잎이 비슷할 뿐이다.

그렇다면 보리수(菩提樹)로 불리는 이 나무는 어떤 나무인가? 사람들은 옷깃을 여미고 이 위대한 성수 앞에 머리를 조아린다. 필자는 나무의 정체가 몹시도 궁금했다. 무슨 나무일까? 어느 분(盆)은 보리수, 어느 분은 보리자나무, 찰피나무, 피나무, 염주나무 등 제각각이라 나무를 자세히 살펴보기 전에는 무슨 나무인지 한눈에 파악하기가 어렵다. 대체로 우리나라 사찰에 심겨 있는 나무는 피나무 종류가 대부분이다.

이처럼 나무의 이름은 같지만, 나무의 모습이 다른 경우 난감해진다. 그냥 관심 없이 보면 그 나무가 그 나무 같다. 식물에 대하여 깊은 지식이 없는 상태라면 무슨 소리를 하는지 이해하기도 어렵다. 그러나 대상이 불가의 3대 성수로 섬김을 받는 보리수이다 보니 좀 더 자세하고 정확히 알고 싶은 생각이 들었다.

이러한 궁금증은 인도와 미얀마를 여행하는 길에 확실하게 풀 수 있었다. 인도보리수를 만난 것이다. 인도보리수의 원산지는 인도이며 뽕나뭇과에 속한다. 핍팔라(Pippala)라고도 부르며 인도보리수나무의 학명은 피쿠스 렐리지오사[Ficus religiosa L.]이다. religiosa는 '종교적'이라는 뜻이 있다. 부처님께서 인도보리수나무 아래에서 명상을 계속하였기 때문에 이 나무는 성수로서 불교 문화의 상징이 되어 있다. 인도에서는 보오나무(Bo tree)로도 불린다. 미얀마에서는 보디나무(Bodhi tree)다. 태국에서는 포오나무(Po tree)라 한다. 최근 한국에도 상륙하

미얀마 사원 앞의 핍팔라, 한국에서는 이 나무도 '보리수'라 부른다

가까이서 본 핍팔라 잎

여 유리 온실 속에서 자라고 있다. 한국 보리수와 구분하기 위하여 '인도보리수' 또는 '사유수'라고 부른다.

지금까지 알고 있던 한국 자생 보리수나무, 그리고 한국의 사찰에 심겨 있는 보리수(菩提樹)가 모두 다른 나무임이 명확해지는 순간, 보리수에 대한 이전의 상식은 버려야 했다. 어제까지 철석같이 믿고 있던 진실이 새로운 사실 앞에 폐기되는 순간이다.

공자가 사랑한 나무는 '살구'인가 '은행'인가?

기독교를 상징하는 나무로 올리브가 손꼽힌다. 불교에도 3대 성수로 추앙받는 나무가 있고 특별한 경우가 아니더라도 보리수와 부처님을 동시에 떠올리는 사람은 많다. 동양 3국 한·중·일의 문화에 깊숙이 스며든 유교를 상징하는 나무는 없을까? 공자가 사랑한 나무는 어떤 나무일까? 누구는 당연히 유교의 상징은 은행나무라 하고, 한편에서는 천만의 말씀 살구나무라고 해석한다. 행단(杏壇)을 둘러싼 비밀이 무엇인지 궁금하지 않을 수 없다.

공자의 고향 중국 곡부에 가면 공자를 기념하는 건축물인 공묘(孔廟)가 있다. 이곳에는 공자가 제자를 가르쳤던 장소를 표시한 행단(杏壇)이라는 표석이 서 있다. 바로 이곳에서 공자가 제자들과 '배우고 늘 익히면 즐겁지 아니한가?'를 설파한 장소라는 것이다. 당시에도 공자는 교실을 벗어나 나무 그늘에 야외 수업을 즐겼다. 이곳에 있는 표석을 설명하는 중국 안내인은 중국어로 해석하면 행단(杏壇)의 행(杏)은 살구나무를 나타내며 단(壇)은 교실 강단을 의미한다는 것이다. 이렇게 해석하면 공자가 살구나무 아래에 강단을 만들고 그곳에서 제자를 가르쳤다고 해석할 수 있다. 공자께서 살아생전에는 종이책 대신 죽간을 사용하던 시절이고, 넓은 땅바닥을 이용해 글을 쓰기도 좋았을 것이다.

중국에서 사용하는 행단(杏壇)이라는 용어는 공자의 사상과 유학을 교육하는 장소라는 의미가 내포되어 있다. 중국 여러 도시에 있는 공자를 기념하는 문묘(文廟)에도 '행단'임을 표시하는 살구나무를 심어 이곳이 공자 사상과 유학을 가르치는 장소라는 사실을 나타내고 있다고 한

곡부 공묘에는 살구나무가 여러 그루가 있다

다. 살구는 음력 2월경 담홍색의 꽃을 피운다. 중국에선 음력 2월을 행월(杏月)이라고도 부른다. 봄이 왔음을 알리는 상징이자 농부는 파종 시기를 알리는 신호로 받아들였으며 과거를 준비하는 계급층에서는 과거 합격이나 학업성취의 상징으로 삼아 급제화라고도 불리는 나무가 살구나무다.

천 년이 넘게 살아온 은행나무 그 아래 모인 군중들

살구나무가 중국에서 역사와 인기를 누리고 있는 나무임은 분명하다. 동봉이라는 의사는 환자를 치료하고 중증의 환자가 나으면 살구나무 다섯 그루를, 경증 환자는 한 그루를 심게 하였더니 그 일대가 살구나무 숲이 되었다고 한다. 이 숲을 행림(杏林)이라 하고 의사의 별칭이 행림으로 불렸다는 전설과도 같은 이야기가 전하여 온다. 살구씨를 행인(杏仁)이라 하여 지금도 귀중한 한약재로 쓰인다. 은행(銀杏)이라는 이름도 '은빛 살구'(silver apricot)를 의미하는 한자이다. 이 한자는 은행나무의 열매가 살구를 닮아 붙인 것이다. 은행나무의 중국 이름은 압각수(鴨脚樹)로 불린다. 잎이 오리발과 닮아서다. 또 다른 이름은 '공손수(公孫樹)'라 부른다. 열매가 손자 대에나 열린다는 뜻이 있다.

그런가 하면 한국에서도 행단(杏壇)이라는 단어는 공자 사상과 유학을 교육하는 장소라는 의미가 있다. 한국 유학의 최고 상징인 성균관대학교 문묘(文廟)에도 행단(杏壇)이 있다. 그곳에는 중국과 달리 은행나무가 심겨 있다. 학교를 나타내는 상징도 은행잎이다. 전국에 산재해 있는 향교에도 은행나무가 심겨 있음은 물론, 유학을 교육하던 향교와 서원에는 대표 수종이 은행나무이며 오랜 세월을 함께 살아오고 있다. 현재 한국 성균관에 있는 은행나무는 천연기념물 59호로 지정되어 있으며 수령은 400년 정도로 추정한다. 400년 전 조선시대 유학자가 공자의 유학을 가르치는 장소라는 걸 기념하기 위해 은행나무를 심은 것으로 추측하고 있지만 왜 살구나무 대신 은행나무를 심었는지는 알 수가 없다.

동양 최대 크기를 자랑하는 용문사 은행나무

그 당시 조선시대에도 공자의 행단(杏壇)이 은행나무가 아니라 살구나무라는 사실을 알았을 것으로 보인다. 조선왕조실록인 태종실록 8권에도 살구나무는 '杏'으로 표기되어 있으며 조선왕조실록에 누대를 거쳐 살구나무는 '杏'으로 자주 등장한다. 아마도 은행나무를 좋아한 선비가 깔끔하게 자라고 거목으로 성장하며 오랜 세월 장수하는 은행나무를 특별히 사랑하였는지도 모른다. 수백 년이 지난 지금은 은행나무가 한국 유가의 대표적 상징수라는 데에 이의가 없는 듯하다. 공자의 일거수일투족을 고스란히 닮고자 했던 선비들이 왜 유교의 상징수를 바꿔야 했는지…. 그것은 수수께끼가 아닐 수 없다.

부처님 오신 날 피는 꽃

오월은 꽃이 지천이다. 형형색색의 다양한 꽃들이 저마다의 모습을 뽐낸다. '꽃 중에 어느 꽃이 가장 아름다우냐?'라고 질문하면 다양한 의견이 쏟아진다. 꽃마다 간직한 사연은 얼마나 많이 있던가. 그중 의미 있고 좋아하는 이유가 국민적 일치를 보이는 꽃이 국화(國花)로 선정되기도 한다.

그런가 하면 꽃에 깊은 의미를 부여하면 특정 영역의 상징이 되기도 한다. 대표적으로 알려진 상징화가 불교는 연꽃, 유교는 매화, 기독교는 백합 등이 오랜 세월을 살아오면서 상징성을 가지고 있다.

사랑하는 청춘남녀에게 장미 한 송이는 설명이 필요 없는 의사표시가 될 수도 있고, 5월의 카네이션은 부모님 은혜에 대한 감사의 의미가 되기도 한다. 꽃으로 의미를 전달하는 것은 현시대뿐만 아니라 오랜 역사를 이어오고 있다. 조선시대 국모의 간택 자리에서도 가장 아름다운 꽃, 화중화(花中花)가 어느 것이냐는 질문이 있었다고 한다. 이 질문에 현명한 답을 제시한 후보가 왕비에 간택되는 지혜로운 이야기도 전하여 온다.

불두화의 만개

조선 영조 시대의 이야기다. 정순왕후가 영조의 계비로 간택되는 과정에서 영조는 여러 후보자를 모아놓고 고심 끝에 직접 면접을 시행한다. 여러 문제 중 '꽃 중에서 어느 꽃이 좋으냐?'를 질문하고 후보들로부터 그 답을 들었다고 한다.

다른 후보들은 복숭아꽃의 아름다움을, 모란꽃의 화려함을, 해당화의 향기를 이야기하는데 정순왕후는 목화가 최고의 꽃이라 답했다. 정조도 꽃으로 보기에는 목화꽃은 아니라는 생각이었던지 목화가 왜 아름다운지를 다시 물었다. 정순왕후는 이렇게 설명했다.

다른 꽃은 일시적으로는 아름다운데 목화는 꽃도 피워내지만, 열매를 맺은 후 하얀 꽃이 다시 피며 목화는 의복을 만드는 재료로 쓰여 모든 백성을 따뜻하게 해주는 공이 있다. 하여 화중화(花中花)라고 답한다. 결국 지혜와 효성을 간직한 정순왕후가 간택되었다는 일화는 꽃을 대하는 방법에 대하여 많은 생각을 낳게 한다.

꽃은 처한 환경에 따라 모양도 다르고 사람마다 생각하는 내용도 다르다. 신통하게도 부처님 머리 모양의 꽃을 부처님이 오신 날에 피운다고 하여 불두화라 불리는 꽃이 있다. 불두화는 사찰에는 단골로 심겨 있는 나무 중 하나다. 사찰에서 스님들이 꼭 챙기는 이 나무는 어떤 나무인가?

불두화는 인동과에 속하는 낙엽이 지는 넓은 잎 작은 키 나무로 음력 4월 8일을 전후하여 하얀 뭉게구름처럼 꽃이 피어난다. 꽃의 크기가 밥을 담는 밥사발만 하다고 하여 사발 꽃이라고도 불린다. 작은 꽃 수십 개가 모여 꽃 덩어리를 이룬다.

나뭇가지가 축 늘어지도록 큰 꽃이 핀다. 처음 꽃이 필 때는 연한 초록색이다. 완전히 피었을 때는 눈이 부시게 하얗다. 꽃이 질 무렵이면 연보랏빛으로 변한다. 꽃이 크고 탐스럽기는 하지만 아쉽게도 향기가 없어 벌과 나비가 찾아오지 않는다.

벌과 나비가 오지 않으니 이 꽃의 또 하나의 특징은 열매를 맺지 않는다는 것이다. 꽃이 피는 이유는 열매를 맺기 위함인데 예외가 있는 것이다. 불두화의 조상은 백당나무라고 불린다. 산야의 계곡에서 어렵지 않게 만날 수 있는 나무다. 식물학자들은 백당나무 돌연변이로 불두화가 생긴 것으로 이야기한다. 씨가 없으므로 꺾꽂이를 하거나 포기나누기로 퍼져 나가기 때문에 증식할 수 있다.

불두화와 비슷한 꽃으로 수국이 있다. 수국은 불두화가 지고 난 6월경에 꽃이 핀다. 수국과 불두화는 잎 모양이 다른데 수국의 잎은 들깻잎과 비슷하다. 불두화는 잎이 세 갈래다. 수국은 강산성 토양에서는 청색을, 알칼리 토양에서는 붉은색을 띠는 생리적 변화가 일어난다. 화훼 전문가들은 이러한 생리를 상품화에 활용하기도 한다.

불두화 근경 꽃송이가 밥사발만 하여 사발 꽃이라고도 부른다

궁금증이 많은 필자는 불두화가 부처님 머리와 어떻게 닮았나 하고 법당의 곱슬머리 불상과 불두화를 유심히 살펴본 적이 있다. 부처님이 오신 날에 피어나고 꽃이 탐스럽게 피지만 열매는 맺지 않는다. 자신의 존재를 알리는 향기도 발하지 않는다. 꽃의 모양은 부처님의 머리 모양이다. 아마도 이러한 모습이 잡념을 떨치고 오직 정진 수행하는 스님들이 불두화를 사랑하는 이유가 아닐까?

색깔로 소통하는 인동초

식물은 어떻게 소통할까? 인간처럼 말을 하는 것도 아니고 동물처럼 행동을 보일 수도 없는데 자기 의사를 표시하고 추구하는 목표를 이루어 영속적으로 살아가는 모습은 그야말로 신비롭다.

'말하는 나무가 있다'라는 이야기는 동화 속에서나 들었지만, 나무가 어떻게 의사소통을 하는지 궁금한 일이 아닐 수 없다. '나무가 큰 소리로 울었다'라는 믿기 어려운 이야기가 이곳저곳에서 전해오기는 하나 필자는 직접 들어본 바는 없다. 사정이 이러고 보면, 선뜻 그런 나무가 있다고 증언할 수도 없다.

용문사의 은행나무가 나라의 변고가 있을 때 크게 울었다는 이야기도 전해오고, 전국 각지에 오래 살아온 나무가 큰 소리로 위험을 경고했다는 전설 같은 이야기가 있지만, 신령스러운 나무라는 표현 정도로 여겨 온 것이 사실이다. 혹 때마침 불어온 바람 소리 아닐까? 그렇게 이야기하기에는 여러 곳에서 너무도 생생하고 구체적인 증언들이 있다. 이러한 사실을 확인해 보려는 식물학자들이 진실 규명을 위해 땀을 쏟아

붓고 있으나 아직 이렇다 할 소식은 전해오고 있지 않다. 그러나 식물들이 자신의 색깔을 바꾸어가며 자기 유전자를 지켜가고 있다는 데에는 의견을 같이하고 있다.

오늘 이야기의 주인공인 인동(忍冬)을 살펴보기로 하자. 일반적으로 인동초(忍冬草)라고도 부른다. 그러나 인동은 풀이 아닌 덩굴성 나무로 여러 해를 살아간다. 인동의 옛 우리말 이름은 겨우살이덩굴이다. '겨울을 살아서 넘어가는 덩굴'이란 뜻이다. 겨울을 이겨내고 살아가는 모습과 특성에 어울리는 이름이다. 인동덩굴은 제주도는 물론 전국 각지에서 잘 자란다. 따뜻한 곳을 좋아하며 적당한 수분이 있고, 햇빛이 잘 드는 곳이나 산과 들 가장자리에서 만나볼 수 있다. 따듯한 지방에선 겨울에도 잎을 달고 있으며 북쪽 지방으로 올라갈수록 잎 일부가 남아 푸른 잎을 반쯤은 단 상태로 겨울을 보낸다.

인동은 어려운 환경이 닥쳐도 잘 버틸 수 있는 강인한 식물로 표현되고 있다. 혹독한 고난을 헤치고 성공에 이른 명사들을 '인동초'라고 추켜세우기도 한다. 고난 극복의 대명사가 인동이다. 인동은 예로부터 각별한 대접을 받아왔다. 효험 있는 약용식물로, 강장제에서부터 이뇨제까지 두루 쓰였다. 〈동의보감〉에는 "오한이 나면서 몸이 붓는 것과 발진이나 혈변을 치료한다"라고 했다. 조선왕조실록에 왕세자를 치료한 기록이 남아 있을 정도다. 인동차는 단순히 마시는 차가 아니라 왕실에서 옥체 보존을 위해 약용으로 애용한 차였다. 그 외에 줄기와 잎, 혹은 꽃을 말려 술에 넣어 만든 인동주도 효험 있는 약주로 즐겨 마셨다고 전한다.

피어난 인동 꽃, 수정 전

수정 후 색깔이 바뀐 인동 꽃

비비 꼬고 뻗어 나가는 모양을 문양으로 형상화한 당초문(唐草紋)의 모델 식물이 바로 인동덩굴이다. 주요 옛 건축물은 물론 벽화 장식품에 이르기까지 쓰였으며 고대 이집트와 그리스, 유럽, 중동과 인도, 중국, 한국에 이르기까지 무늬 모델로 널리 쓰였다. 인동무늬의 속성은 오래도록 끊이지 않고 이어지기 때문에 "쉬지 않고 끊임없이 강인하게 살아간다"라는 영속성의 의미를 갖는 상징으로 애용해왔다는 것이다.

인동덩굴에는 애틋한 이야기도 전하여 온다. 옛날 쌍둥이 자매가 있었는데 두 자매의 우애가 유난히 돈독하여 떨어지기 싫어했다고 한다. 언니 이름은 금화(金花), 동생은 은화(銀花)였다. 그러던 어느 날 언니는 열병으로 시름시름 앓다가 죽게 되었다. 그러자 동생도 언니를 따라 앓다가 두 남매가 모두 죽었다는 것이다. 두 남매가 묻힌 무덤가에는 큰 덩굴이 자라났는데, 덩굴에 핀 꽃이 처음에는 흰색이었다가 점점 노란색으로 변하였다. 그 후 마을에 다시 열병이 크게 나돌았다. 마을 사람들은 두 자매의 무덤가에 핀 그 꽃을 달여 먹고 씻은 듯이 열병이 낫게 되었다. 이후 마을 사람들은 이 약초의 이름을 금과 은처럼 소중한 '금은화(金銀花)'로 불렀다고 전해진다.

인동은 설화처럼 처음 흰색 꽃이 피어난다. 그러다 일정 시간이 지나면 노란 꽃으로 바뀐다. 한 가지에 노란 꽃 하얀 꽃이 함께 피는 것이다. 왜 그럴까? 이 현상은 하얀 꽃은 수정되기 전의 꽃이고 수정이 끝나며 노란색으로 바뀌는 것이다. 수정된 꽃이 벌과 나비에게 말을 건넨다.

"고마워 덕분에 나 임신했어."

그러나 모든 인동초가 하얀 꽃이 피어나 노란 꽃으로 변한 후 열매를 맺는 것은 아니다. 식물은 변종이 많이 있다. 좀 더 색다른 식물을 감상하기 위하여 원예종이 탄생하고 외국에서 수입도 한다. '허니써클'로 불리는 원예종은 붉은색의 꽃을 피우고 향과 색이 진한 특성이 있다.

✧

천상으로 소식을 전파하는 안테나, 오리나무

오리나무가 천연기념물로 지정되면서 오리나무에 관한 관심이 한층 더 고조되고 있다. 2019년 9월 5일 문화재청은 경기도 포천시 관인면 초과리 664에 있는 오리나무를 천연기념물 555호로 지정했다. 230살로 추정되는 이 오리나무는 키 21m, 가슴둘레 3.4m가 넘는다. 오리나무는 자연 학술 가치가 높고, 지역을 대표하는 역사성도 지니고 있다. 문화재청은 그동안 오리나무가 천연기념물로 지정된 사례가 없다면서, 식물학적 대표성과 생활 문화와의 관련성 측면에서 천연기념물로 지정해 보호할 필요가 있다는 설명이다.

경기도 여주에도 쉽게 만나기 어려운 오리나무가 살고 있다. 여주시 능서면 용은리 662-1번지에 오리나무는 3형제가 이웃하여 살아간다. 여주시 보호수로 수형이 아름답고 건강하다. 약 200살의 나이에 키가 20m에 이른다. 양화천에서 멀지 않은 곳, 논과 밭 사이에서 오랜 세월 자라왔다. 오리나무는 약간 습하거나 충적토에 잘 자란다. 여주 지방 세종대왕릉과 효종대왕릉 주변에서 큰 오리나무를 만날 수 있지만, 용은리 오리나무는 넓은 들판 한가운데서 특별한 모습을 보여준다. 농부의 흐른 땀을 식혀주기에는 이만한 그늘이 없다.

1928년에 태어나 지금까지 이 마을에 살아오신 어르신께서는 원래 이곳에는 오리나무가 4그루가 있었다고 한다. 그중 가장 굵고 큰 나무가 잘려 나가 현재 3그루만 자라고 있다. 3그루 중 가운데 나무가 가장 크고 굵었다. 그러나 지금은 그 위치가 바뀌었다. 가장자리에서 햇볕을 가장 많이 받은 나무가 왕성한 생육을 보인 것이다. 세월이 흐르며 나무의 모습은 크고 웅장하게 변해 왔다. 농사철이면 이 나무 그늘에서 참도 먹고 지친 몸을 쉬기도 했다. 훌륭한 그늘이자 쉼터로 사랑을 받았다. 오리나무는 자라면 자랄수록 그 모양이 더 위엄이 있어 보인다는 것이다.

용은리 오리나무 거목은 잎을 훌훌 떨어 버리고 북풍한설을 마주하는 모습이 더 장쾌하다. 구부러진 가지마다 멋과 위엄이 서려 있다. 근육이 잘 단련된 최고의 근육질 스타를 보는 느낌도 든다. 산천이 흰 눈으로 덮이고 추위로 온몸을 떨고 있을 때 하늘을 향해 우뚝 선 모습은 높고 깊은 신의 세계와 무언의 대화를 주고받는 듯하다. 오리나무의 꽃말인 '장엄'을 나타내는 순간이다.

자작나뭇과에 속하는 오리나무[학명: Alnus japonica]는 습기 찬 곳뿐만 아니라 메마른 땅에서도 잘 자란다. 이는 뿌리혹박테리아와 공생을 하고 있어 질소를 고정할 수 있는 비료목이기 때문이다. 오리나무 뿌리에는 질소 고정 능력을 갖춘 뿌리혹박테리아가 있어서 나무에 필요한 질소를 뿌리가 빨아들이기 쉽게 해주는 역할을 한다. 그래서 메마른 땅에다 오리나무를 심으면 토양이 비옥해진다고 한다.

보통 콩과 식물들이 질소 고정 박테리아와 공생하는데 콩과가 아닌 식물 가운데 질소 고정을 하는 것으로는 오리나무와 보리수나무가 대표로 꼽힌다. 이러한 특성은 국토 녹화 운동 시 황폐된 사방지에 대대적으로 심기고 녹화의 숨은 공신이 된다. 이때 심긴 오리나무는 주로 사방오리나무와 물오리나무로 불리는 오리나무의 한 가족이다.

오리나무 보호수

전국적으로도 노거수로 보호받는 오리나무는 손꼽힐 정도다. 나무 타령에 등장하는 것처럼 5리마다 오리나무를 심었다면 그 개체 수가 상당하겠지만 오리나무는 쉽게 만날 수 없다. 나무 이름을 쉽게 기억하기 위해 "향기 난다, 향나무/ 방귀 뀌는 뽕나무/ 번쩍번쩍 광나무/ 서울 가는 배나무/ 입 맞추자 쪽나무/ 미안하다, 사과나무/ 십 리 절반 오리나무" 등 다양한 모습으로 개사한 나무 타령에 오리나무가 등장하지만 십 리 절반 오리나무는 그 흔적이 오리무중이다.

오리나무가 귀한 일차적인 원인은 사람과의 경쟁에서 찾아볼 수 있다. 오리나무가 인간과 경쟁한다면 쉽게 수긍하기 어려운 측면도 있을 것이다. 그러나 나무의 생존 역사를 보면 나무는 스스로 살아남는 기막힌 전술이 있다. 사람과 짐승, 곤충을 가리지 않고 활용해온 나무의 능력은 참으로 놀랍다. 커피나무가 인류의 입맛을 지배하며 자신의 영역을 넓혀가고 벚나무는 화려한 꽃으로 인간을 유혹한다. 그리고 그 나무에 매혹된 인간은 나무의 개체 수를 늘려간다. 식물은 자기 자손을 인간의 노력을 통해 넓이 퍼트린다. 이러한 사실을 이해한다면 나무들의 전략은 경이롭기까지 하다.

오리나무가 좋아하는 생육지는 사실 농경지다. 적당히 습윤하고 비옥하고 기름진 토양이 오리나무가 살아가기에 좋은 곳이다. 결국, 오리나무가 살아가던 자리를 농경지로 개척하며 오리나무의 영역을 침범한 것은 사람이라는 것이다. 사람의 간섭이 없어지고 자연 생태계가 안정된다면 오리나무 숲은 더욱 다양한 모습으로 나타날 수 있다. 식물학자들은 오리나무를 극상림을 이루는 수종으로 천이의 마지막 단계를 폭넓게 점유하는 나무로 본다.

오리나무는 오리(五里)가 아니다 오리(鴨)다. 언제부터 오리(五里)나무로 불렸는지 궁금하다. 식물학자들은 五里木(오리목)이란 한자 표기는 일제 강점기에 생겨났다고 주장한다 '십 리 절반 오리나무'라 노래하지만, 어느 기록에도 오리나무를 오 리마다 심었다는 역사의 기록은 찾아볼 수가 없다. 필자의 역량이 부족할 수도 있다. 그러나 오리가 거리를 나타내는 '오 리'가 아니라 하늘을 날아다니는 새 '오리(鴨)'를 지칭하였다는 기록은 월인석보(1459년)에서 찾을 수 있다.

조선시대에 나타나는 오리나무는 유리목(楡理木), 적양(赤楊)으로 불린다. 오리(五里)와 새(鴨) 오리는 발음만 같다. 오 리마다 심어 오리나무라는 설명은 나무 이름을 기억하기는 도움이 될지 모르지만 본래 오리나무의 가치나 뜻을 전달하기에는 매우 미흡하다. 五里(오리)라는 명칭의 탄생은 우리말 오리나무에 대해 한자를 차자(借字)해서 만든 향명(鄕名) 표기로 이해한다. 오 리마다 나무를 심어 오리나무는 아니라는 것이다. 이정표의 개념이 생겨나기 그 이전에도 오리나무는 이 땅에 살아왔고, 새(鳥) 오리를 나타내는 오리나무로 불려왔기 때문이다.

그러면 왜 오리나무라 불렀을까? 오리(鴨)에 대하여 이해가 필요한 부분이다. 오리는 일상에서 흔히 접하는 우리나라의 대표적인 철새이자 물에서 사는 새 오리류의 일반 명칭이다. 고대 농경시대에서 오리는 인간의 세계와 신의 세계를 넘나드는 신성한 존재로 여겼다고 한다. 오리는 하늘과 땅, 물의 3계를 넘나드는 동물로서 하늘과 땅을 활동 영역으로 삼는 다른 새들에 비교하여 종교적이고 우주적인 상징성을 지닌다.

하늘로 향한 오리나무

오리는 생산과 풍요의 주술적 존재로도 인식되었다. 오리는 알을 많이 낳을 뿐만 아니라 그 자체로 풍요로움과 다산을 상징한다. 오리는 물과 깊은 관련이 있다. 농경사회에서 비와 천둥을 지배하는 존재로 농경 마을에서 비를 가져다주는 농업의 신으로 발달하였다. 오리는 물새이며 잠수조이기 때문에 홍수에서도 살아남을 수 있을 뿐만 아니라, 불을 극복하여 화재를 방지하는 불사의 존재로도 여겼다. 계절의 변화를 감지하는 신통력도 있었다. 초자연적인 세계로 오가며 산 자의 소망을 천상의 신에게 전달하는 신의 전령조라는 믿음을 가지고 있었다는 것이다.

오리는 오리나무가 있는 곳에 살았으며 오리나무 역시 물가를 좋아하고 오리의 서식처를 제공하기를 마다하지 않는다. 신성한 오리가 머무는 오리나무야말로 신성한 나무다. 이러한 믿음이 솟대 문화를 탄생시키고 솟대 위에서 오리가 하늘 세계와 통신을 한다. 인간의 염원을 하늘에 전달하고 하늘의 화답을 인간에게 알려주고, 솟대는 액이나 살(煞), 잡귀를 막아준다. 마을의 안녕과 수호 그리고 풍요를 기원하는 신성한 푯대가 된 것이다.

오리나무의 쓰임을 살펴보면 더욱더 확실해진다. 오리나무는 전통혼례식 때 사용하는 나무 기러기를 만드는 재료로 쓰였다. 즉 오리나무로 오리를 만든 것이다. 신랑은 나무 기러기를 가져와 백년해로의 상징인 기러기처럼 평생 마음을 바꾸지 않겠다고 약속을 한다. 오리나무는 말라도 비틀어지지 않고 두드려도 깨지지 않는 특징을 가지고 있다. 오리나무는 하회탈의 재목으로는 더할 나위 없이 좋은 나무였다. 서민들은 오리나무로 만든 하회탈을 쓰고 지배계층인 양반들을 풍자하며 신명나게 놀았다. 백성의 얼을 담는 나무가 오리나무였다.

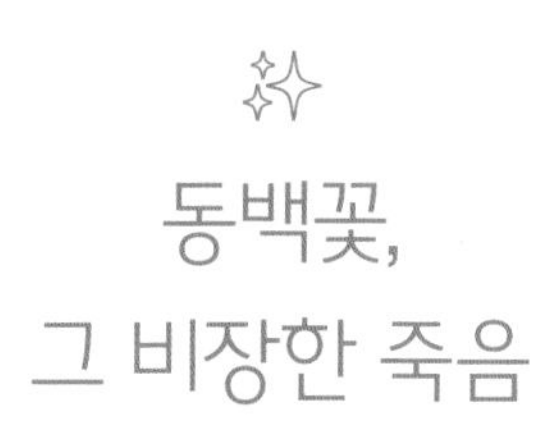

동백꽃, 그 비장한 죽음

혹독한 추위를 이기고 가장 먼저 피어나는 아름다운 꽃을 아시나요? 이 지극히 주관적인 질문에 대답은 사람마다 다를 수 있다. 추구하는 아름다움의 기준이 다르고 각자의 환경에 따라 만나는 꽃도 다를 수 있기 때문이다. 대개는 같은 꽃을 보고도 느낌과 표현은 서로 다른 경우가 허다하다.

만개한 아기동백

그러나 꽃이 귀한 겨울에 흰 눈을 흠뻑 뒤집어쓰고 피어난 꽃을 본다면 그 아름다움은 분명 평소와는 달라진다. 일단 희귀성이 모든 평가를 잠재운다. 만인의 눈길을 받는다. 그런 꽃이 한반도의 남쪽에서 겨울에 피어나는 동백(冬柏)이다.

코끝을 자극하는 강한 향의 설중매를 높이 사는 예도 있지만, 꽃이 피는 시기로 보면 동백(冬柏)이 이르다. 봄이 도착하기도 전에 긴 겨울의 추위를 이겨내고 화사하게 피어나는 꽃의 에너지는 인간의 얼어붙은 마음을 녹인다. 희망가를 부르는 자에게는 희망의 상징이 되고 개척자의 눈에는 개척의 외로운 길을 가는 이유가 될 수도 있다.

사시사철 푸른 잎을 달고 혹한의 겨울을 이겨내는 동백은 옛 선비가 닮고자 하는 모습이기도 했다. 절개와 기백의 으뜸가는 상징인 송백(松柏)보다도 동백은 한 수 우위를 점하고 있다. 조선의 선비들은 동백을 엄한지우(嚴寒之友)라 하여 치켜세우기도 하였다. 소나무와 대나무가 혹한을 이겨내고 절개를 지키는 가상함이 있지만, 동백은 푸름을 지킬 뿐만 아니라 한겨울 혹한에 누구도 할 수 없는 붉은 꽃을 피워낸다.

우리의 선조들을 추운 겨울을 이겨내고 꽃을 피워내는 동백에서 인고의 노력을 찬미하고 새로운 나의 시대가 오기를 고대하며 세상의 주인공이 되고자 그를 가까이했다. 그런 모습을 본받는 사람조차도 존경스러워했다. 이러한 믿음이 아무도 흉내 낼 수 없는 기품을 사랑하고, 한 치의 흐트러짐이 없는 지조를 일생의 가치로 삼아온 것이다.

청춘에 떨어진 동백꽃

봄의 전령이 화신의 등장을 알리면, 삼천리강산에는 백화가 피어난다. 꽃들의 향연이다. 수많은 꽃이 지천으로 피어나면 동지섣달 꽃 본 듯이 혹하는 마음은 없어도 화사함에 미소를 띤다. 어느 꽃이라 한들 꽃이 아니랴! 매화도 귀한 꽃, 진달래도 귀한 꽃, 개나리도 고운 꽃, 서로 어울려 꽃 대궐을 이룬다. 그러나 꽃들의 공통점은 화려함의 뒤에는 시듦의 운명을 맞이한다는 것이다.

대개의 꽃은 임무를 마치면 꽃잎이 하나둘 바람에 날리고 화려하던 색깔이 변하며 퇴색되어 간다. 그 기간이 긴들 열흘을 넘기는 꽃이 없다고 했다. 화무십일홍(華茂十日紅)은 괜한 이야기가 아니다.

그러나 동백꽃은 질 때의 모습이 특이하다. 아니 비장하다. 꽃잎이 한 잎 두 잎 바람에 흩날리며 떨어지는 것도 아니고 나무에 붙어 시들지도 않는다. 꽃송이가 통째로 툭 떨어진다. 아니 누가 이 꽃을 잘라 던졌단 말인가? 아니면 못된 짐승이나 해충의 소행이 아닐까? 의심도 해본다. 싱싱한 모습으로 눈길을 사로잡던 꽃, 꽃잎이 조금도 시들지 않았는데도 어느 날 아침 바람 한 점 없는데 마치 참수당한 죄인의 머리가 떨어지듯 뚝 떨어지는 것이다. 구질구질함이 없는 청춘의 전성기에 동백은 꽃을 떨군다. 고결한 선비의 넋인가? 은장도를 빼 든 열녀의 최후인가? 동백꽃은 떨어져 하늘을 보며 아무런 말이 없다. 조선의 선비들이 이 모습을 놓칠 리 없다. 이러한 동백은 많은 시인 묵객의 소재가 됐다.

활짝 핀 동백

이렇게 이야기를 마치면 “내가 본 동백꽃은 꽃잎이 떨어져 수북이 쌓였는데? 이 무슨 소리야!” 하는 분도 계실 것 같다. 식물의 세계에는 다양한 모습이 있다. 동백보다 일찍 피는 아기동백이 있다. 아기동백은 꽃의 모습과 특성이 약간 다르다. 통꽃이 떨어져 낙화하는 것이 아니라 꽃잎이 한 장 한 장 떨어진다. 동백에 비해 잎의 크기와 꽃의 크기가 작아 아기동백이라 불린다.

그러나 김유정의 소설 〈동백꽃〉은 지금 설명한 동백(冬柏)과는 다른 꽃이라고 보아야 한다. 춘천에는 동백이 겨울을 날 수가 없다. 춘천을 무대로 봄에 피어나는 동백은 노랗게 피는 생강나무의 또 다른 이름이기 때문이다. 이렇게 불리는 이름을 향명(鄕名)이라고도 한다. 공교롭게도 동백의 열매로 동백기름을 만들지만, 생강나무 열매로도 기름을 만들고 용도도 비슷했다. 확실한 것은 붉은 동백은 향기가 없다. 그러나 노란 동백꽃(생강나무꽃)은 그윽한 향기가 있다. 김유정의 작품에도 동백은 향기가 있다. 아는 만큼 보인다고 했던가? 알고 보면 더욱 재미있는 것이 식물의 세계다.

✧

쌀밥이 열리는 이팝나무

요즘은 나무에서 돈도 열리고 밥도 열리고 건강도 열리는 시대가 되었다고 호들갑이다. 눈부신 생명과학 덕분에 인간이 필요로 하는 물질을 대거 식물에서 구하고 있다는 것이다. 기술이 어디까지 발전할지는 속단하기 어렵지만, 인간의 염원은 하나둘 꿈이 아닌 현실이 되고 있다고 한다. 5월은 이밥이 열리는 나무로 알려진 이팝나무가 꽃을 피워내는 시기다.

'이밥에 고깃국을 배불리 먹겠다'라는 꿈을 가지고 있던 시절이 불과 3~40년 전 이야기다. 남북회담 때 인민에게 이밥에 고깃국을 배부르게 먹이는 것이 인민의 꿈이라는 이야기도 회자한 적이 있는 이밥, 이밥이란 표현은 '이(李)씨의 밥'이란 의미가 있다. 조선시대에는 벼슬아치가 되어야 이 씨인 임금이 내리는 하얀 쌀밥을 먹을 수 있다고 하여 쌀밥을 '이밥'이라 불렀다는 이야기다. 이팝나무라는 이름이 이밥나무에서 그 이름이 유래된 그것이라고 주장한다.

그런가 하면 다른 주장도 있다. 이팝나무가 꽃을 피우는 시기가 공교롭게도 여름이 시작되는 입하(立夏) 무렵이다. 입하에 꽃이 피는 나무, 그래서 '입하나무' '입하목'이 이팝나무라고 부르게 되었다는 이야기도 설득력을 가지고 있다.

홉사 쌀밥처럼 꽃피는 이팝나무에는 옛날 보릿고개의 슬픈 전설이 남아 있다. 곳간에는 이미 쌀이 떨어지고 들판의 보리는 아직 익지 않았다. 가혹한 춘궁기에 배고픔의 고통을 달래야 했던 백성이 있었다. 보릿

이팝나무 꽃

고개를 기억하시는 분들은 이 무렵이 얼마나 견디기 어려운 고통의 시기였는지를 잘 안다.

굶주리다 지친 어머니의 빈 젖을 빨다 숨진 아기가 하나둘이 아니었다. 이렇게 죽어간 아기를 지게에 지고 동구 밖 빈터에 묻어야만 했던 부모의 마음을 아는 젊은이가 지금 시대에도 있을까? 음식쓰레기가 처치 곤란인 이 시대에 상상하기도 어려운 이야기다. 가혹한 시절의 이팝나무 이야기는 지금도 구전되고 있다. 굶주림에 지쳐 세상을 떠난 아기의 무덤가에 이팝나무를 심었다는 것이다. 저세상에서나마 하얀 쌀밥을 마음껏 먹어보라는 부모의 가슴 시린 사연이 있다. 이팝나무는 이 애절한 소원을 들어주려는 듯 쌀밥과도 같은 꽃을 흐드러지게 피운다.

이팝나무는 물푸레나뭇과의 큰 키 나무로 20~30m나 자란다. 가슴둘레가 몇 아름이나 되는 큰 나무이면서 5월이 되면 특유의 꽃을 피운다. 파란 잎이 보이지 않을 정도로 새하얀 꽃을 온 나무에 피워내는 꽃덩어리 나무다. 꽃잎이 마치 기름기가 흐르는 밥알같이 생겼다. 꽃핀 모습을 멀리서 보면 쌀밥이 수북이 담긴 것처럼 보인다.

이 나무를 처음 본 서양인들은 쌀밥하고는 인연이 없는지라 눈이 수북이 내린 나무로 보아 '눈꽃나무(snow flower)'라 부른다. 생활환경에 따라 인지하는 방법이 다름을 알 수 있다. 쌀 소비량이 줄고 식생활이 달라진 지금 쌀밥의 소중함은 예전과 다르다. 현대의 젊은이들에게 꽃피운 이팝나무를 보고 자기만의 이름을 지어보라면 어떤 이름이 나올까?

우리 주변의 나무 이름은 짧게는 수백 년, 길게는 수천 년 전의 우리

선조들이 자연스럽게 붙인 이름이다. 이팝나무에는 벼농사의 풍흉과 관계가 있으니 이를 알아보는 것도 의미가 있을 것 같다.

평야 지대로 유명한 김해시 주촌면 천곡리에 천연기념물로 지정된 이팝나무가 있다. 600여 년의 세월을 살아온 이 나무는 우리나라에서 꽃이 가장 아름답기로 소문난 나무다. 긴 세월을 살아오면서 많은 사람으로부터 떡도 얻어먹고 술도 얻어먹고 고기도 얻어먹은 세월이 짧지 않다. 고로 신통력도 가지고 있다. 이 나무가 꽃이 함빡 피워내 오래가면 그해는 벼농사가 풍년이 든다. 그와 달리 꽃이 드물게 피고 수세가 쇠약하면 그해는 흉년이 든다는 것이다.

전북 고창군 중산리 이팝나무 천연기념물 183호

이러한 예지력과 신통력 덕분에 이 나무는 국가기관으로부터 유전자 검사도 받고 영구 보존하려는 식물학자의 극진한 보살핌을 받고 있다. 국가기관이 나서서 유전자를 보호해야 한다는 만물의 영장은 왜 아직 없는 걸까?

참고자료

- 숲과 종교_ 신원섭(1999, 수문 출판사)
- 숲속의 문화 문화속의 숲_ 임경빈 외(1997, 열화당)
- 나무스토리텔링_ 이광만(2018, 나무와 문화연구소)
- 우리마을 상백리_ 경길호(2006, 도서출판 백림)
- 나는 나무처럼 살고 싶다_ 우종영(2011, 웅진씽크빅)
- 한국을 지켜온 나무 이야기_ 원종태(2014, 도서출판 밥북)
- 서울의 나무 이야기를 새기다_ 오병훈(2011, ㈜을유문화사)
- 나무와 숲_ 남효창(2011, 도서출판 계명사)
- 우리 생활 속의 나무_ 정헌관, 김세현(2007, 국립산림과학원)
- 어느 인문학자의 나무세기_ 강판권(2010, 지성사)
- 나무 열전_ 강판권(2007, 글 항아리)
- 꽃의 중국문화사_ 나카무라 고이치, 조성선, 조영렬(2004, 뿌리와 이파리)
- 우리 나무의 세계_ 박상진(2011, 김영사)
- 욕망하는 식물_ 마이클 폴란(2011, 황소자리)
- 조선왕조실록 홈페이지 (sillok.history.go.kr)
- 성균관대학교 홈페이지 (https://www.skku.edu)
- 성균관 홈페이지 (http://www.skk.or.kr)
- 국가표준식물목록 홈페이지 (http://www.nature.go.kr)

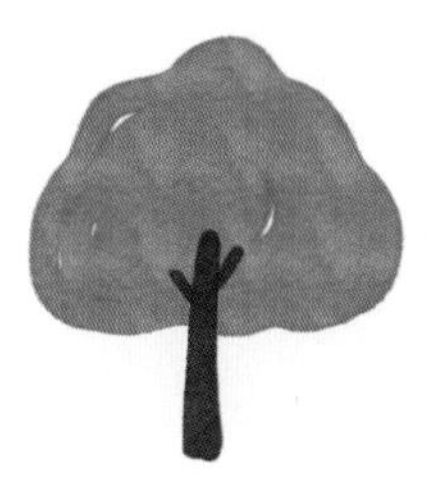

그 나무가 궁금해

펴낸날 2024년 9월 9일
2쇄 펴낸날 2024년 11월 22일

지은이 원종태
펴낸이 주계수 | **편집책임** 이슬기 | **꾸민이** 전은정

펴낸곳 밥북 | **출판등록** 제 2014-000085 호
주소 서울시 마포구 양화로 156 LG팰리스 917호
전화 02-6925-0370 | **팩스** 02-6925-0380
홈페이지 www.bobbook.co.kr | **이메일** bobbook@hanmail.net

ISBN 979-11-7223-026-5 (03480)